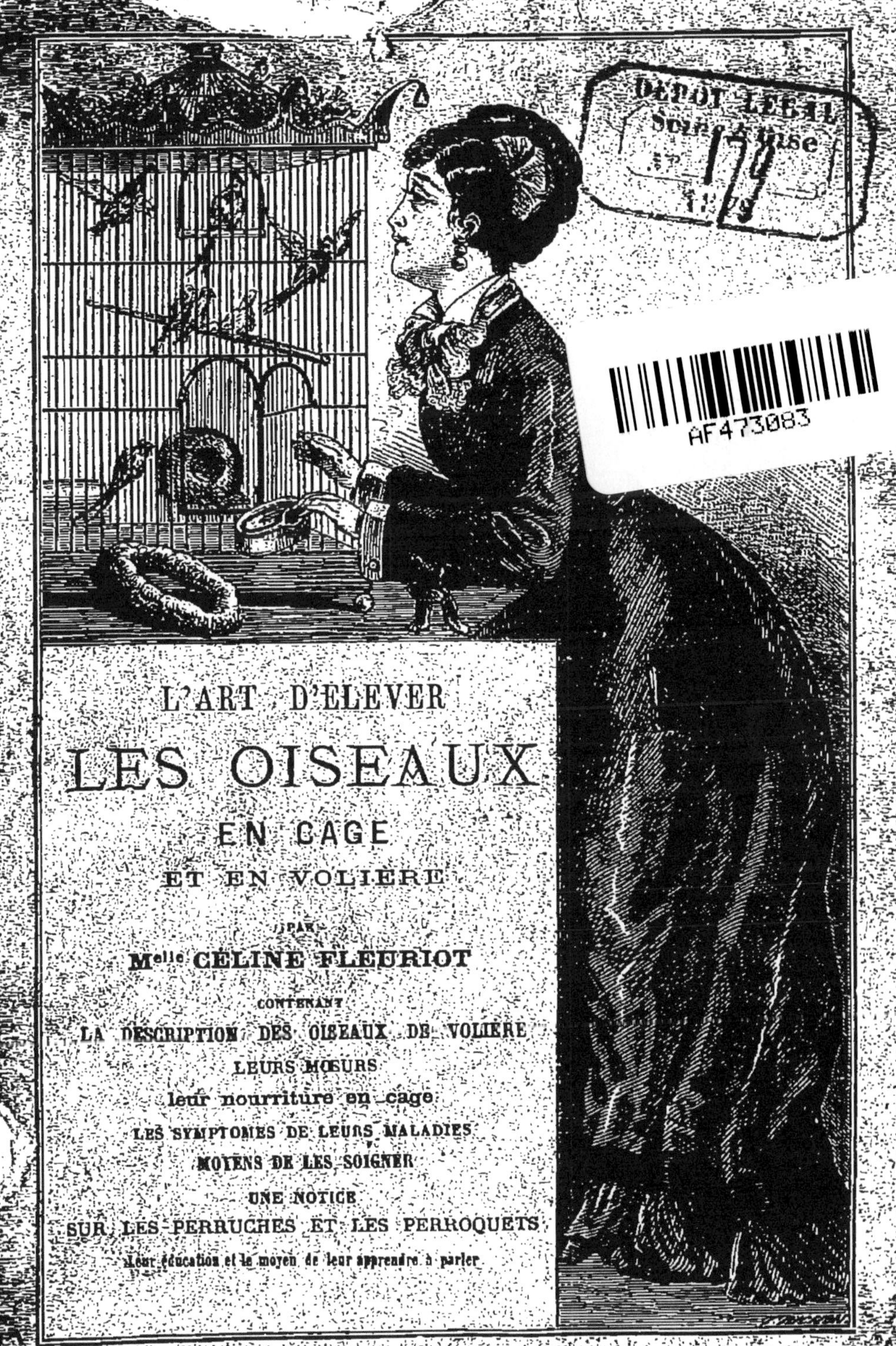
L'ART D'ELEVER
LES OISEAUX
EN CAGE
ET EN VOLIÈRE
PAR
Melle CÉLINE FLEURIOT
CONTENANT
LA DESCRIPTION DES OISEAUX DE VOLIÈRE
LEURS MŒURS
leur nourriture en cage
LES SYMPTOMES DE LEURS MALADIES
MOYENS DE LES SOIGNER
UNE NOTICE
SUR LES PERRUCHES ET LES PERROQUETS
Leur éducation et le moyen de leur apprendre à parler

L'ART D'ÉLEVER

LES OISEAUX

PROPRIÉTÉ

Théodore Lefèvre

3373-77. — Corbeil. Typ. et stér. de Crété.

L'ART D'ÉLEVER

LES OISEAUX

EN CAGE

ET EN VOLIÈRE

CONTENANT

LA DESCRIPTION DES OISEAUX DE VOLIÈRE

Leurs mœurs, leur nourriture en cage
les symptômes de leurs maladies, les moyens de les soigner

UNE NOTICE

SUR LES PERRUCHES ET LES PERROQUETS

Leur éducation et le moyen de leur apprendre à parler

PAR

CÉLINE FLEURIOT

PARIS
THÉODORE LEFÈVRE, ÉDITEUR
RUE DES POITEVINS, 2.

LE SERIN DES CANARIES

ORIGINE, DESCRIPTION ET MŒURS.

Le serin des Canaries, que l'on appelle aujourd'hui serin ordinaire, pour le distinguer du serin dit Hollandais, est originaire des îles de Ténériffe, îles des Canaries. C'est lors de la conquête de ces îles, en 1402, par Jean de Béthancourt, aventurier normand, que cet intéressant oiseau fut vu pour la première fois par des Européens, et ce ne fut que longtemps après, en 1778, qu'il nous fut apporté par un de ses descendants. Il s'est naturalisé dans notre climat, ou, pour mieux dire, il y est devenu un oiseau domestique. Tout le corps de cet oiseau est couvert de plumes blanches à leur origine et d'une belle couleur de citron vers le bout, en sorte cependant qu'il n'y a que cette dernière couleur qui paraît lorsqu'elles se trouvent couchées les unes sur les autres ; les couvertures du dessus et du dessous des ailes sont de la même couleur, si on excepte cependant le côté intérieur des grandes du dessus les plus éloignées du corps, qui est intérieurement blanc ; les plumes des ailes sont, en dessus, d'une belle couleur de citron du côté extérieur, et blanches du côté intérieur ; elles sont tout à fait blanches en dessous. La queue est composée de douze plumes : les deux du milieu sont, en dessus, d'une couleur de citron, les latérales sont de la même couleur du côté extérieur et blanches du côté intérieur ; le dessous de ces douze plumes est blanc ; celles du milieu sont beaucoup plus courtes que les latérales, ce qui fait que la queue est fourchue ; son bec est blanc, petit, pointu ; ses pieds et ses ongles sont d'un blanc tirant sur la couleur de chair.

Le serein l'emporte sur tous les oiseaux par la douceur et la mélodie de son ramage, par la beauté et la richesse de son plumage, par la douceur de son caractère, par la facilité que l'on a de l'apprivoiser et de lui apprendre à parler et à siffler.

Dans tous les pays de l'Europe on se fait un amusement d'élever des serins ; on les fait non-seulement couver ensemble dans des volières, mais on les accouple encore avec d'autres oiseaux d'un genre approchant, et on en obtient une espèce bâtarde que l'on nomme mulet. Les mulets ont ordinairement la tête et la queue du père, mais ils sont tous inférieurs comme provenant de genres différents. On les accouple ordinairement avec le bruant, le pinson, la linotte, le tarin, le bouvreuil, le venturon, le cinis, le verdier, et spécialement le chardonneret.

Un serin peut vivre depuis dix jusqu'à quinze ans, pourvu qu'on en ait soin ; mais le mâle ne viendrait pas à cet âge, si on n'avait pas l'attention de le séparer de sa femelle après les pontes, c'est-à-dire depuis le milieu d'août jusqu'au mois de mars ; sans cela sa passion l'use, et sa vie se raccourcit encore de deux ou trois années.

On a observé, mais très-rarement, que certaines serines chantaient comme le mâle. Sprengel a fait plusieurs observations sur les serins mulets ; il a suivi pour cet effet très-exactement la multiplication des oiseaux qui provenaient de l'accouplement des serins avec le chardonneret. Ces oiseaux mulets ont multiplié entre eux et avec leurs races paternelles et maternelles, quoiqu'on les ait toujours regardés comme inféconds ; et, aujourd'hui, ce faux préjugé est encore partagé par un grand nombre d'amateurs. Les serins mulets ont la voix beaucoup plus forte que les serins ordinaires, cependant ils ont tous, en général, la voix douce et perçante ; ils la soutiennent même fort longtemps sans perdre haleine ; ils peuvent aussi la baisser et l'élever de temps en temps par différentes inflexions, avec lesquelles ils font une mélodie fort agréable ; lorsqu'on les instruit dès leur tendre jeunesse, ils apprennent aisément des airs de flageolet et de serinette.

On nourrit les serins avec du chènevis, du millet, de la navette et de l'alpiste ; le mouron les réjouit beaucoup et les maintient en bonne santé.

LE SERIN DIT HOLLANDAIS

ORIGINE, DESCRIPTION ET OBSERVATIONS.

Cette espèce de serin est le résultat de soins assidus apportés par de vrais amateurs dans le choix des sujets accouplés ensemble. L'origine de cette espèce provient de la variété des serins ordinaires dits à duvet, dont les sujets les plus beaux et les plus grands ont été constamment accouplés ensemble. Ces serins, importés en France il y a environ vingt ans, nous viennent de la Hollande et de la Belgique, où les premiers élèves ont été faits.

Le serin hollandais est remarquable par la longueur de son cou, le développement de sa queue et la hauteur de ses jambes ; il diffère de l'ordinaire par la taille, qui est, dans toutes ses dimensions, beaucoup plus grande que celle de ce dernier.

Il y a deux sortes de serins hollandais : la première, nommée double, est celle dont les plumes de l'estomac sont tellement fournies et implantées de telle sorte, qu'elles forment au milieu une séparation distincte, qui permettrait d'y introduire, sans les déplacer, l'épaisseur d'un fort tuyau de plume. La seconde, qui se nomme simple, est celle dont les plumes de l'estomac sont renversées d'un côté seulement. Il existe dans ces deux sortes de serins hollandais deux variétés différentes : la première s'appelle jambes de chenilles, ainsi désignée, parce que les sujets ont les cuisses presque dégarnies de plumes ; la seconde se nomme culottée, ainsi nommée, parce que les sujets, contrairement aux précédents, ont les cuisses très-garnies de plumes.

Le serin hollandais, pour réunir toutes les conditions de beauté, doit : 1° être haut sur jambes ; 2° avoir la tête entièrement dégagée des épaules ; 3° présenter dans toute sa longueur une forme légèrement cambrée ; 4° avoir les plumes du dos renversées de côté, et celles de la queue implantées droites, sans former à l'extrémité l'éventail comme dans les serins ordinaires.

Quant aux couleurs de cette belle race, elles sont absolument semblables à celles de cette dernière espèce ; la seule différence qui existe entre les deux races consiste uniquement dans les dimensions de leur corps.

On accouple les serins hollandais avec des ordinaires ; les sujets qui naissent de cette alliance se nomment coupés hollandais ; cette espèce est beaucoup moins belle que celle qui provient d'un couple hollandais pur ; par conséquent, elle a bien moins de valeur ; comme beauté de forme, elle tient le milieu entre les deux espèces différentes qui ont servi à la produire.

Les hollandais sont bien plus délicats que les ordinaires, ils exigent beaucoup plus de soins : il arrive même souvent que, par suite de leur faible constitution, ils sont, après la ponte, atteints de maladies qui les empêchent, soit de couver leurs œufs, soit d'élever leurs petits. Ils sont aussi moins productifs, et la durée de cette production est moins longue que dans l'autre espèce. On suit la même méthode pour leur éducation que pour celle des ordinaires. Il y a cependant une exception relativement à la nourriture. Certains amateurs ont la mauvaise habitude de nourrir cette espèce de serin avec de la graine d'alpiste, graine très-échauffante, qui produit à la suite des temps des désordres très-graves dans l'organisation intérieure de ces oiseaux; aussi il arrive souvent que l'on perd ceux que l'on achète, faute d'avoir demandé au vendeur l'espèce de nourriture qu'il leur a servie pendant qu'il les a possédés. Ainsi, le premier soin à apporter pour la conservation du serin hollandais que l'on achète est donc de s'informer auprès du propriétaire de cet oiseau du genre de nourriture qu'il a eu jusqu'au moment où l'on en fait l'acquisition. Dans le cas où il aurait été nourri de la manière que nous venons d'indiquer, il ne faudrait pas le sevrer tout de suite d'alpiste, qui était sa principale et peut-être son unique nourriture ; on devra alors lui donner de la graine ordinaire, c'est-à-dire le millet et la navette, dans lesquels on mettra de l'alpiste en petite quantité, que l'on réduira de plus en plus, jusqu'à ce que l'oiseau ait contracté l'habitude de se nourrir de graine ordinaire, ce que l'on reconnaît lorsque, dans les augets, on trouve des traces de millet concassé.

Depuis que nous possédons cette belle race de serins, les ordinaires ont bien perdu de leur valeur; cependant, si le hollandais l'emporte sur l'ordinaire par la beauté de ses formes, il est bien inférieur à ce dernier pour le chant. Généralement les hollandais chantent moins souvent et ont la voix beaucoup moins forte que les canaris.

DES CAGES.

DE LA MANIÈRE DE LES CONSTRUIRE.

Les serins s'élèvent dans des cages ou dans des chambres préparées ou exposées au levant. On peut les loger dans une chambre sans feu : par ce traitement, on en perd moins que quand on les tient dans une chambre échauffée par le feu. Leurs cages, pour qu'elles soient bonnes, doivent être faites de bois de noyer bien sain et avoir des fonds et des tiroirs d'une seule pièce : on doit rejeter celles en bois de sapin, qui se déjettent de toutes parts et donnent une retraite aux mites et aux punaises ; on peut employer celles de chêne à défaut de celles de noyer. Les cages totalement à découvert sont les meilleures, c'est-à-dire celles dont les quatre faces sont en fil de fer, avec deux portes aux deux côtés, aussi grandes que celle du milieu ; on en donne deux raisons : la première, c'est que dans ces sortes de cages on voit toujours les oiseaux à découvert ; la seconde, c'est qu'on rend par là ces oiseaux familiers.

Il faut à ces cages deux portes pour servir à faciliter aux serins le passage d'une cage dans une autre, sans qu'on soit obligé de les toucher ; on ouvre les deux portes, on passe ou l'on fait semblant de passer la main par la porte qui est devant soi ; les oiseaux, voyant l'autre porte à l'extrémité de la cage ouverte, courent à l'instant dans l'autre cage que l'on présente à côté de la leur, et, par ce moyen, on les fait passer et repasser, autant qu'on en aura besoin, soit pour nettoyer leurs cages, soit pour d'autres choses qui surviennent, sans les toucher ni les effaroucher ; on peut même, en rapprochant toutes les cages les unes auprès des autres, en faire une volière parfaite.

A l'égard des cages, les plus commodes sont les longues et

les plus élevées : l'oiseau qui a une pareille cage n'est point sujet à s'étourdir, ayant de quoi voler par la hauteur et se promener par la longueur; il devient même par là plus fort et plus robuste. Il ne faut point, aux deux côtés des cages, d'augets; on placera par le bas ces deux plombs et on les enchâssera dans le tiroir à l'extrémité de la cage, de sorte qu'en ôtant le tiroir, qui se tire par le derrière de la cage, on ôte en même temps les deux augets où sont la nourriture et l'eau de l'oiseau ; par devant, les deux augets sont grillés de place en place en dedans de la cage : ne pouvant que passer sa tête, il ne renverse pas sa graine, ce qui ne peut se faire aux autres cages.

Pour ce qui concerne les cages, on fera très-bien de fabriquer proprement sur le dessus deux petites coulisses du même bois dont la cage est construite pour poser directement les deux paniers, en sorte qu'on pourra voir plusieurs fois le jour, en ouvrant cette coulisse, tout ce qui se passe dans le nid des serins sans toucher en aucune manière aux paniers, et, par ce moyen, on ne les effarouche jamais pour voir en quel état sont les œufs ou de quelle force sont les petits.

Un accident qui arrive souvent aux serins dans leurs cages, c'est de leur trouver les pattes cassées sans savoir d'où cela provient. Pour éviter cet accident, il y a deux moyens : le premier, c'est de ne point faire de trous aux bâtons de sureau que pour y passer la pointe d'une aiguille ; car c'est ordinairement par des trous trop grands qu'on a faits au sureau que cet accident arrive. Le second, c'est de ne jamais mettre les serins en cage qu'on n'ait regardé auparavant s'ils n'ont pas les ongles trop grands; dans ce cas, il faut leur en couper la moitié, mais pas plus, car, si on les coupait trop courts, ils ne pourraient se soutenir sur leurs bâtons. On aura surtout grand soin que les bâtons de la cage soient bien légers et qu'ils ne puissent pas tomber : cela est de la dernière importance.

DE LA CONSTRUCTION ET DE LA COMPOSITION DES NIDS.

On présente ordinairement aux serins, pour faire leurs nids, de la bourre de cerf neuve ou commune, du foin, de la mousse, du coton haché, du gros chanvre ou filasse de chiendent; il faut qu'elle soit bien hachée, de crainte que les serins n'enlèvent les œufs avec cette filasse qui s'embarrasserait dans leurs pieds; mais de toutes ces choses il n'y en a qu'une ou deux dont ces oiseaux peuvent valablement se servir pour faire leurs nids. Le petit foin fort délié et menu est très-propre pour faire le corps du nid des serins, mais il faut avoir l'attention que ce foin soit cueilli et séché au soleil avant de le leur présenter. Lorsque le nid est presque fait, on pourra leur donner une petite pincée de mousse bien séchée au soleil; la bourre de cerf ne convient que pour la première couvée, parce qu'alors il n'y a pas encore de grandes chaleurs, et l'on doit s'en abstenir pour les autres; cette bourre réchauffe la femelle au point de la faire suer, et cette sueur étouffe les petits lorsqu'ils viennent de naître. On rencontre chez les fabricants de vergettes un chiendent qui leur est tout à fait propice : on prend le plus délié, on le secoue bien pour en faire sortir la poussière, et, quand on veut encore mieux faire, on le lave et on le fait sécher au soleil; après quoi on le coupe et on l'éparpille dans la cage; ce chiendent peut suffire seul pour faire le nid, et, en le lavant dans l'eau bouillante, on peut encore le leur présenter de nouveau pour faire un autre nid. On donne aux serins, pour poser leurs nids, de petits paniers d'osier, des espèces de sabots et des petits vaisseaux de terre; les paniers sont préférables, pourvu qu'ils ne soient pas trop grands. On ne leur présente d'abord qu'un panier à la fois, pour que ces oiseaux ne s'avisent pas de porter tantôt dans un panier, tantôt dans un autre. Douze jours après que les petits seront éclos, on pourra leur en donner un second qu'on placera de l'autre côté, d'autant plus que ces oiseaux recommencent bien vite un second nid, quoiqu'ils nourrissent encore leurs petits.

DE L'ACCOUPLEMENT.

I

CHOIX DES SUJETS POUR PRODUIRE L'ESPÈCE QUE L'ON DÉSIRE. — ACCOUPLEMENT DU SERIN ORDINAIRE AUX DIFFÉRENTES ESPÈCES D'OISEAUX AVEC LESQUELS IL PRODUIT.

Il est difficile de déterminer le temps propre pour l'accouplement, il faut se diriger sur la saison : il y a des années plus avancées les unes que les autres. Quand le soleil commence à faire sentir ses rayons et lorsque les froids et les gelées commencent à disparaître, on pourra se disposer à accoupler les serins, mais il ne faut jamais trop presser le temps de la première nichée. C'est ordinairement vers le 20 ou 25 mars, et même plus tôt, que l'on a coutume de permettre à ces oiseaux de s'unir : l'on ferait mieux d'attendre la mi-avril. On prend pour cet effet une cage neuve, ou, en cas qu'elle ait déjà servi, qui soit bien nettoyée ; on y met un serin mâle avec la femelle qu'on lui destine ; ils se connaissent et s'accouplent plus promptement dans une petite cage qu'ils ne font dans une grande. On prendra garde de ne pas faire comme certaines personnes, en mettant deux mâles ou deux femelles ensemble. Pour n'avoir pas séparé de bonne heure les mâles d'avec les femelles, on les confond souvent lorsque le temps de l'accouplement arrive. Lorsqu'on aura laissé pendant huit ou dix jours la paire de serins dans une petite cage, et quand on reconnaîtra qu'ils sont bien accouplés, on les lâchera alors dans la cage qu'on leur destine, et on exposera cette cage au levant, de préférence à tout autre endroit.

Des oiseaux de même espèce qui montrent entre eux une si grande antipathie ne devraient pas sympathiser avec d'autres espèces très-différentes, comme linots, chardonnerets, tarins, bouvreuils, venturons, cénis, verdiers, enfin tous les petits oiseaux granivores et qui dégorgent; les bruants et les pinsons peuvent bien s'accoupler, mais ils ne peuvent ni nourrir la femelle du serin pendant qu'elle couve, ni l'aider à élever ses petits; ces oiseaux nourrissent les leurs à la becquée. Cependant tous ces oiseaux, quoique très-dissemblables en apparence, assez éloignés des canaris, ne laissent pas de produire ensemble lorsqu'on prend les soins nécessaires pour les apparier.

Le tarin, le chardonneret et la linotte sont ceux sur lesquels il paraît que la production du mâle avec la femelle canarie est bien constatée.

Nous allons donc indiquer la méthode à suivre pour accoupler le chardonneret avec le serin ordinaire, comme étant celui que l'on choisit de préférence, et ce que nous allons en dire doit s'appliquer aux autres oiseaux nommés ci-dessus. On prend, pour cet effet, dans le nid de jeunes chardonnerets de dix à douze jours, et on les met dans le nid des serins du même âge; on les nourrit ensemble et on les laisse dans la même volière en accoutumant le chardonneret à la même nourriture que le serin. On met ordinairement des chardonnerets mâles avec des serins femelles, ils s'accouplent beaucoup plus facilement et réussissent aussi beaucoup mieux que quand on donne aux serins mâles des chardonnerets femelles. Il faut cependant remarquer que la première progéniture est plus tardive, parce que le chardonneret n'entre pas aussitôt en accouplement que la femelle; au contraire, lorsqu'on unit la femelle chardonneret avec le mâle serin, l'accouplement se fait plus tôt. Pour qu'ils réussissent, il ne faut jamais lâcher le serin mâle dans des volières où il y ait des serins femelles, parce qu'il préférerait alors ces dernières à celles des chardonnerets. Lorsque l'on veut se procurer des oiseaux par le mélange du chardonneret avec la serine, il faut que le chardonneret ait deux ans et la serine un an, parce qu'elle est plus précoce, et ordinairement ils réussissent mieux quand on a pris la précaution de les élever ensemble, comme nous venons de le dire. Les femelles serins ne produisent ordinairement avec les mâles étrangers que depuis l'âge d'un an jusqu'à quatre, tandis qu'avec leurs mâles naturels elles produisent jusqu'à huit ou neuf ans ; il faut cependant en excepter la femelle panachée. Il ne faut jamais lâcher le chardonneret dans une volière, parce qu'il détruit les nids et casse les œufs des oiseaux.

A l'égard de l'union des serins avec les tarins, mâles et femelles, elle demande moins de soins et d'attentions : il suffit souvent de lâcher simplement un ou plusieurs de ces oiseaux, mais toujours du même sexe, dans une chambre ou une grande volière avec des serins, et on les verra s'accoupler aussitôt les uns avec les autres. Nous avons dit qu'il ne fallait en mettre que du même sexe, parce qu'ils donneraient toujours la préférence à ceux de leurs espèces, s'ils étaient de sexe différent. Le chardonneret, au contraire, ne s'apparie en cage qu'avec le serin.

Ces oiseaux bâtards, qui proviennent du mélange des serins avec les autres oiseaux, ne sont pas, comme nous venons de le dire, des mulets stériles, mais des métis féconds, qui peuvent s'unir et produire non-seulement avec leurs races maternelles et paternelles, mais même reproduire entre eux des individus féconds, dont les variétés peuvent aussi se mêler et se perpétuer. Mais il faut convenir que le produit de la génération dans ces métis n'est pas aussi certain ni aussi nombreux, à beaucoup près, que dans les espèces pures ; ces métis ne font ordinairement qu'une ponte par an et rarement deux.

Les plus beaux métis sont ceux qui sortent du chardonneret; les plus curieux, les plus rares, naissent de l'alliance du bouvreuil; les plus communs viennent de l'accouplement du tarin, de la linotte, du verdier, et les plus recherchés de tous par leur ramage et leur beauté sont ceux qui sortent des mâles serins et des femelles étrangères.

Pour avoir de beaux mulets et de bons chanteurs, il faut qu'ils soient de la race du chardonneret; on doit choisir cet oiseau robuste, gai, ardent pour le chant, et d'un beau plumage.

Les métis chantent plus longtemps que les canaris, sont d'un tempérament plus robuste, et leur voix très-sonore est plus forte : ils doivent être mis sous de vieux chardonnerets ardents à chanter, afin qu'ils leur servent de maîtres de musique pour les instruire dans leur chant naturel.

On doit faire la même chose pour les jeunes serins : il faut toujours avoir, soit dans la volière, soit auprès, trois ou quatre vieux chardonnerets bons chanteurs.

Si on apparie un serin gris ordinaire avec une serine grise, on doit s'attendre à avoir des serins gris : il en est de même des serins blonds, isabelles, agates, jaunes, accouplés avec des femelles de la même couleur; ils ne peuvent produire que des serins de la même espèce; mais, si on mêle ces espèces, on réussit à en avoir souvent de très-beaux et de très-rares. Les isabelles ont quelque répugnance à s'accoupler ensemble; le mâle prend rarement dans une grande volière une femelle isabelle, et ce n'est qu'en les mettant tous deux qu'ils se déterminent à s'unir. Il n'est pas toujours nécessaire d'avoir des serins panachés pour en avoir de beaux, il suffit seulement qu'ils soient de panachés, pour que leurs descendants soient plus beaux que s'ils provenaient directement de panachés. Pour en avoir de très-beaux, on assortira un mâle panaché de blond avec une femelle jaune, queue blanche, ou bien un mâle panaché avec une femelle blonde, queue blanche ou autre, excepté seulement la femelle grise queue blanche, et lorsqu'on veut se procurer un beau jonquille, il faut mettre un mâle panaché de noir avec une femelle jaune queue blanche.

Pour avoir de beaux hollandais, on doit avoir soin d'accoupler ensemble deux sujets différents, c'est-à-dire mettre un mâle jambe de chenilles avec une femelle culottée. Ce soin est d'autant plus important, que les produits de cette alliance sont toujours plus beaux.

On ne devra jamais accoupler ensemble deux sujets de la même couleur : ainsi le mâle jonquille devra être accouplé avec une femelle blanche ou panachée, au gré de l'amateur, ayant toujours soin que l'un des deux sujets accouplés ensemble soit toujours de l'espèce culottée.

MANIÈRE D'ACCOUPLER PLUSIEURS FEMELLES AVEC UN MALE.

Si on remarque une certaine antipathie parmi quelques serins, on se gardera bien de les accoupler, car, quoi qu'on fasse, on ne peut les apprivoiser ensemble dès que cette antipathie règne une fois.

Lorsqu'on a plus de femelles que de mâles et quand on ne veut pas faire la dépense d'acheter des mâles, on s'y prend de la manière suivante pour accoupler deux femelles avec un mâle ; cela peut même très-bien se faire, si ce mâle est fort et vigoureux, s'il chante d'un ton fort élevé, longtemps et souvent pendant le jour, et s'il est si vif, qu'il ne puisse rester un seul instant en place dans sa cage. On a, pour cet effet, deux petites cages posées l'une à côté de l'autre, et on lâche un mâle dans l'une des deux ; ce mâle, étant appelé par ces deux femelles, ira tantôt à l'une, tantôt à l'autre, et par ce moyen il les satisfera toutes deux. Lorsqu'on n'a qu'une seule cage, on peut encore s'en servir sans se pourvoir d'une autre ; mais il faut que cette cage soit grande et qu'il y ait une petite séparation au milieu par le moyen d'un petit ais, pour que les deux femelles, qui se trouvent dans les paniers posés aux deux extrémités de la cage, ne soient pas distraites en se voyant ; la planche qui formera cette séparation doit être mince et ne doit descendre qu'à un quart de hauteur de la cage, ce qui suffit uniquement pour que les deux femelles ne se voient pas quand elles couvent leurs œufs. Il y a encore une méthode pour mettre les femelles avec un petit nombre de mâles. Lorsqu'on a un petit cabinet bien clair et à l'exposition du levant, on le démeuble totalement pendant les quatre mois qu'on y met couver, et on le remplit de serins mâles et femelles ; on peut y lâcher quatre femelles sur un mâle, c'est-à-dire, si on y met douze mâles, on pourra leur donner quarante-huit femelles ; on place de distance en distance de petits paniers en aussi grand nombre qu'il y a de femelles, et on met dans le milieu du cabinet tout ce qui est nécessaire pour faire les nids ; on met aussi une table au milieu de ce cabinet, et on place dessus trois ou quatre grands augets remplis d'eau et de graine ordinaire. On range de longs bâtons de sureau de distance à autre pour que les serins puissent s'y percher. On fera faire une fenêtre grillée afin de pouvoir ouvrir le châssis lorsqu'il fera beau, pour donner de l'air aux serins sans crainte qu'ils s'envolent. Chaque femelle prendra son nid dans ce cabinet sans se tromper, et n'ira jamais dans celui d'une autre. On peut placer autour du cabinet quelques caisses de verdure, tels que de petits orangers ou d'autres arbrisseaux : cela les réjouira, et même plusieurs femelles y pourront faire leurs nids en leur mettant un panier au milieu de la caisse.

NOURRITURE DES SERINS PENDANT L'ACCOUPLEMENT.

Quand les serins sont accouplés, on leur présente, pour aliment ordinaire, de la navette, du millet, de l'alpiste et du chènevis ; on mélangera ces graines de façon que, sur un demi-litre de chènevis, autant d'alpiste et un litre de millet, on y mettra six litres de navette bien vannée. On conserve ce mélange dans une boîte bien fermée, et on en remplit tous les jours l'auget des serins. On leur donne, outre ces graines, un petit morceau d'échaudé ou de biscuit dur, surtout lorsqu'on s'aperçoit que la femelle est prête à pondre ; on leur donnera encore, pendant les huit premiers jours qu'ils sont en cage, beaucoup de laitue : cela les purge ; mais il faut en même temps ôter tous les jeunes oiseaux, qui s'affaibliraient beaucoup par cette nourriture.

DE LA PONTE.

Parmi les serines, il s'en trouve qui ne pondent jamais : on les appelle *bréhaignes* ; d'autres sont si peu œuvées, qu'elles ne font qu'une ponte ou deux au plus pendant toute l'année, et souvent même il arrive qu'elles ne pondent que de deux jours l'un ; il y en a qui font trois pontes bien réglées et qui ont trois œufs à chaque ponte, comme par exemple les jonquilles. Les plus communes en font quatre de quatre à cinq œufs chacune. Les blonds mâles et femelles sont trop délicats, et leurs nichées réussissent rarement. Les blancs en général sont bons à tout : ils couvent, nichent et produisent aussi bien et mieux qu'aucun des autres, et les blancs panachés sont aussi les plus forts. Il y a quelques femelles qui font cinq pontes par an de quatre, cinq, six, et quelquefois sept œufs. Lorsque cette dernière espèce de serins nourrit bien, c'est une espèce ou plutôt une race parfaite. Ces mêmes variétés de serins dans l'espèce hollandaise sont bien moins productives que les ordinaires ; ceux qui sont le plus œuvés ne fournissent guère ordinairement dans une année plus de deux ou trois pontes. Ceux qui font nicher les serins ont toujours remarqué que la femelle pond son œuf sur les six heures du matin, elle ne passe même jamais sept heures, à moins qu'elle ne soit malade ou que l'œuf ne puisse sortir à cause de sa grosseur, ou parce qu'il est sans coquille : alors il faut faciliter l'espèce d'accouchement ; on remarque encore que les petits éclosent à la même heure que les œufs ont été pondus.

Il arrive dans la ponte des serins des accidents faute de précautions, comme de casser des œufs pour n'avoir pas porté assez d'attention. Si une femelle s'avise de pondre son œuf dès le grand matin dans un petit coin de la cage, celui qui est chargé du soin de ces oiseaux vient dès le matin nettoyer leur cage. Il ne s'aperçoit pas de l'œuf, il le casse. Aussi, dès qu'on ne trouve pas dans le nid l'œuf qu'on attendait la veille, on cherchera alors, avec les yeux plutôt qu'avec les mains, dans tous les coins et recoins de la cage si l'œuf n'y est pas. Lorsqu'on le trouve, on le prend délicatement avec deux doigts par ses deux extrémités et on le place dans le nid.

Les femelles, dans le temps de la ponte, sont sujettes à une maladie fort grave dont voici les symptômes : on les voit bouffies en un moment, ne voulant plus manger ; quelquefois même elles sont si malades, que, ne pouvant se tenir sur leurs pattes, elles se renversent sur le sable ; si on ne les secourt promptement, elles meurent bien vite : cela leur arrive ordinairement le soir ou dès le grand matin. Quand on s'en aperçoit, on prend dans sa main la femelle malade, et, après s'être bien assuré que la maladie est la ponte, on lui met, avec la tête d'une grosse épingle, de l'huile d'amandes douces au conduit de l'œuf : cela dilatera les pores et l'œuf passera aisément ; mais, si cela ne suffit pas, on lui fera avaler quelques gouttes de cette même huile : cela apaisera les tranchées et les douleurs aiguës qu'elle ressent ; on la laissera dans une petite cage garnie de menu foin, on la mettra au soleil ou devant le feu jusqu'à ce qu'elle ait rattrapé sa première vigueur. On lui donnera une bonne nourriture, telle que de la graine bouillie, de l'échaudé sec et de la graine d'œillette, et lorsque, malgré toutes ces bonnes nourritures, elle a de la peine à revenir, on lui soufflera quelques gouttes de vin blanc et on lui en fera boire un peu de tiède où il y ait du sucre candi ou autre. Les femelles ne sont ordinairement sujettes à cette maladie que pour la ponte du premier ou du second œuf.

Quand une femelle a pondu son premier œuf, il faut aussitôt le lui ôter et lui en substituer un d'ivoire pour l'amuser ; on ôte aussi le second de même que le premier, et, quand on s'aperçoit que la femelle n'a plus d'œufs à pondre, on lui rend de grand matin ses œufs, en lui ôtant les faux d'ivoire. On empêchera par là que les petits ne naissent en différents temps, et on a l'avantage de les voir les uns et les autres de la même force.

DES ŒUFS.

Pour connaître si les œufs sont bons, il faut les regarder quand la femelle aura passé six ou sept jours à les couver ; on les tire pour cet effet de dessous la mère et on les mire au grand jour ou à la lumière d'une chandelle : si on s'aperçoit que les œufs sont troubles et pesants, c'est une marque qu'ils sont bons et que les petits se forment ; si, au contraire, ils sont aussi clairs que le jour où la femelle a commencé à les couver, c'est un indice qu'ils sont mauvais, et sans aucun risque on peut les jeter, sans laisser fatiguer inutilement la couveuse. Lors donc qu'on aura plusieurs serines qui couvent dans le même temps, on fera bien de retirer les œufs clairs de chaque couveuse et de ne faire que deux couvées de trois ; on donnera par exemple cinq ou six œufs à une femelle robuste, et celle à laquelle on les aura ôtés ne tardera pas à faire un nouveau nid. Le tonnerre est à craindre : souvent il tue les petits dans les œufs ; on fera aussi très-bien de ne les pas toucher trop souvent : rien n'est plus mauvais.

DE L'INCUBATION.

Le serin couve trois fois l'année, depuis le mois d'avril jusqu'au mois d'août. C'est la femelle qui est ordinairement chargée de la couvaison, et quand le mâle est bon il a soin de lui porter à manger, ce qui n'arrive cependant pas toujours. Alors la femelle est obligée de quitter son nid de temps à autre pour fienter et prendre de la nourriture. Quand les serins commencent à couver, on remplit leur auget d'une portion du mélange suivant (après avoir ôté la graine qui y était) : trois litres de navette, deux d'avoine, deux de millet, et enfin un litre de chènevis; toutes ces graines doivent être bien nettes et bien vannées ; on leur met aussi de l'eau fraîche dans leur plomb bien net, afin de ne point les tourmenter les premiers jours de la naissance des petits. Voilà leur nourriture tant qu'ils n'ont que des œufs ; mais, la veille du jour où les petits doivent éclore, on leur donne une moitié d'échaudé après avoir ôté la croûte de dessus, et un petit biscuit, qui seront l'un et l'autre bien durs, parce que, si l'un et l'autre étaient tendres, ces oiseaux en mangeraient beaucoup, et, buvant ensuite par-dessus, ils étoufferaient infailliblement. Tant que ce biscuit et cet échaudé dureront, on ne leur en donnera point d'autre ; mais, pour ce qui concerne la nourriture suivante, on fera bien de la leur renouveler deux ou trois fois par jour, principalement pendant les grandes chaleurs ; cette nourriture consiste uniquement en un quartier d'œuf, blanc et jaune, haché fort menu et en un morceau d'échaudé trempé dans de l'eau ; on presse le tout dans sa main et on le pose sur une petite sucrière ; on met dans une autre de la graine ordinaire qu'on aura trempée environ deux heures auparavant, on en jettera l'eau, et, pour mieux faire encore, on donnera à cette graine un bouillon, on la rincera ensuite dans une eau fraîche pour lui ôter toute sa force et son âcreté. On leur donnera, en outre, de la verdure, mais en petite quantité, telle que du mouron, du seneçon, et, à défaut de ces plantes, un cœur de laitue pommée, un peu de chicorée et un peu de plantain bien mûr. On leur présentera de la nourriture nouvelle trois fois par jour, le matin à 5 ou 6 heures, à midi, et vers les 5 heures du soir ; et on leur ôtera la vieille, de peur qu'elle ne soit aigrie. On peut aussi leur donner de la graine d'œillet ou pavot, de laitue ou d'argentine, qu'on mêlera bien ensemble dans un petit pot ; la verdure ne se donnera qu'avec beaucoup de précaution, parce que, si on leur en donnait une trop grande quantité pendant qu'ils nourrissent, cela affaiblirait beaucoup les petits ; on fera bien de mettre un petit morceau de réglisse dans leur boisson : cela est préférable au sucre. Pendant les grandes chaleurs, on n'oubliera pas de leur donner de l'eau fraîche dans une petite cuvette pour se baigner : cela leur est très-salutaire.

Quant à la fatigue de la femelle, il est de fait que celle qui nourrit fatigue beaucoup plus que celle qui pond ou qui couve, parce que celle qui pond n'a qu'une heure au plus à souffrir, et celle qui couve s'accoutume souvent dans la situation tranquille où elle est, tandis que celle qui nourrit s'épuise après les petits, et il arrive même souvent que le mâle, qui ne lui porte point de nourriture, lui laisse impitoyablement ce lourd fardeau. Quand on voudra donc ménager une femelle plus que les autres, soit parce qu'elle est plus délicate ou qu'elle est plus belle et d'un plus grand prix, on lui présentera d'abord son nid tout fait ; on lui donnera cependant quelque chose pour y mettre, pour qu'elle le puisse modifier, en cas qu'elle ne le trouve pas bien.

Lorsque la première ponte sera faite, on lui donnera les œufs à couver pendant sept jours ; après quoi, on les examinera ; s'ils sont clairs, on les jettera ; s'ils sont bons, on les donnera à une autre femelle pour qu'elle achève de les couver. On laissera reposer cette femelle deux jours; après ce temps, on lui présentera un second nid fait comme le premier, et, lorsqu'elle aura couvé pendant cinq ou six jours la seconde ponte, on lui ôtera ses œufs et on lui en donnera d'autres prêts à éclore ; on lui laissera nourrir pendant quinze jours les petits qui sortiront de ces œufs qui ne sont pas à elle, si toutefois elle nourrit comme il faut ; car, si elle ne nourrissait pas bien, il faudrait ôter ces œufs la veille du jour où ils doivent éclore. Après qu'on lui aura ôté les petits pour les élever à la brochette, on la laissera encore reposer deux jours; on lui donnera son troisième panier, dont le nid sera aussi tout fait. Lorsqu'elle aura couvé les œufs de cette nouvelle ponte pendant douze jours, on les lui ôtera ; on les donnera à faire éclore à une autre femelle, et on mettra la femelle avec le mâle ; on les laissera ensemble dans une petite cage jusqu'à ce qu'ils commencent à muer. On peut alors, sans aucun risque, les séparer : par le moyen de cet expédient, une femelle ne se trouvera pas fatiguée de ses trois couvées et peut vivre fort longtemps ; elle a même la force de supporter la mue, qui fait ordinairement mourir celles qui se trouvent trop épuisées.

On se trouve souvent avoir des femelles qui pondent trois ou quatre œufs à la première couvée, et qui ensuite les abandonnent. Quand cela arrive, après les avoir laissés deux ou trois jours dans le nid pour voir si elles ne s'avisent point de les couver, si on s'aperçoit qu'après ce temps elles n'y vont plus, si, au contraire, elles défont les nids où sont les œufs, on les ôtera et on les mettra sous d'autres femelles qui couvent. Cependant on a observé que souvent les œufs que ces femelles ne voulaient pas couver se trouvaient ordinairement clairs. M. Hervieux dit avoir mis de faux œufs clairs à certaines femelles à la place des leurs, elles les cassaient et les jetaient même hors du nid presque aussitôt qu'il les leur avait présentés. Ce curieux se trouvait alors obligé de leur en donner de faux d'ivoire, pour les amuser, jusqu'à ce que leur couvée fût entièrement finie. Cependant on ne doit pas se rebuter lorsqu'on voit une femelle abandonner ses œufs à la première couvée : cela n'arrive ordinairement qu'à de jeunes femelles qui n'ont jamais couvé. Quand elles font de nouvelles pontes, elles les couvent fort assidûment ; elles nourrissent même très-bien leurs petits. Comme il peut cependant s'en rencontrer, ce qui est très-rare, qui ne veulent jamais couver, ou du moins qui ne veulent couver que leur dernière ponte, on les laissera toujours pondre, et on donnera leurs œufs à couver à d'autres, après les avoir néanmoins laissés dans leurs nids pendant un jour ou deux, pour voir si elles ne voudraient pas s'y attacher.

S'il arrive qu'on ait des femelles qu'on soupçonne de ne pas vouloir nourrir leurs petits, telles que sont ordinairement les agates, les blanches aux yeux rouges, quelques blondes et jonquilles, ou même quelques panachées, il faut avoir la précaution, avant que les petits sortent des œufs, de remettre ceux-ci sous des femelles grises, et on ôte les œufs de ces dernières pour les jeter en cas qu'on n'ait point d'autres femelles auxquelles on puisse les donner. Les amateurs donnent aux femelles grises le nom de nourrices. Il suffit qu'une femelle couve depuis quatre ou cinq jours pour lui donner des œufs prêts à éclore.

Quand on se trouve à la campagne, on peut mettre les œufs de serins dans des nids de chardonnerets : on peut par là être assuré d'avoir des petits serins sans la moindre peine, pourvu cependant qu'on ait la précaution de ne point mettre des œufs de serin, qui ne seraient point couvés, dans le nid de chardonneret où les œufs seraient bien avancés. Lors donc qu'on a découvert un nid de chardonneret, on commence par casser un œuf et l'on voit s'il est avancé, afin d'y mettre des œufs de serin couvés à peu près dans le même temps; lorsque les petits qu'on y a mis ont dix à douze jours, on les en retire pour les nourrir à la brochette; mais, si on veut continuer à leur faire donner à manger par les chardonnerets, on les met dans une cage basse, avec un petit réseau par-dessus, en sorte que, quand le père et la mère viendront nourrir les petits prisonniers, ceux-ci puissent recevoir la becquée. Lorsqu'on aura habitué pendant quelques jours le père et la mère à leur venir donner à manger, on pourra, d'espace en espace, les approcher du logis, en mettant toujours la cage dans un lieu bien à découvert, et, quand les petits peuvent sortir du nid, on les remet dans une plus grande cage, et on les laisse au même endroit jusqu'à ce qu'on ne s'aperçoive plus d'y voir aller le père et la mère; on met, pendant ce temps, quelque chose à manger dans la cage, comme du jaune d'œuf et du chènevis écrasé, pour que les petits puissent s'accoutumer à manger seuls. Les nids de tous les autres oiseaux ne leur conviennent pas pour cela, même ceux de linotte.

Il arrive quelquefois qu'un serin mâle tombe malade lorsque la femelle a le plus besoin de lui, comme lorsqu'elle va pondre ses œufs ou quand ses petits ont déjà atteint sept ou huit jours, époque où un bon serin mâle doit décharger sa femelle du soin de nourrir ses petits pour qu'elle puisse se reposer. Si le serin est donc atteint de maladie, on ne perdra pas de temps, on prendra l'oiseau malade et on le mettra dans une petite cage. On examinera alors, autant que faire se pourra, quelle peut être la maladie dont il est attaqué; et, après l'avoir reconnue, on y apportera promptement les remèdes qui lui conviennent. On commence d'abord par mettre le serin malade au soleil; on lui soufflera, avec un tuyau de plume, sous les ailes, un peu de vin blanc, remède qui convient à toutes les maladies; on lui donnera ensuite les remèdes appropriés au genre du mal; s'ils n'opèrent point, si, au contraire, la maladie du serin empire et si la femelle commence à se chagriner de l'absence de son mâle, on songera alors à se procurer un autre mâle pour le substituer à la place du malade. Le remède infaillible pour la maladie du mâle est huit ou dix jours de repos, et de lui faire faire disette pendant plusieurs jours pour le dégraisser; on ne lui donne, pour toute nourriture, que de la navette. Peu de jours après, on remettra le serin avec sa femelle. Il sera, comme à son ordinaire, gai et réjoui; mais, s'il retombe malade, il faut le retirer et ne plus le remettre, quoiqu'il en guérisse, car c'est une preuve d'une trop grande délicatesse. On en peut dire autant de la femelle; si elle devient malade quand elle couve ses œufs, il faut, en la retirant de sa cage, lui ôter aussi ses œufs et les donner au plus tôt à d'autres femelles qui couvent à peu près du même temps; si elle devient malade après que les petits se trouvent éclos, on examinera s'ils sont assez forts pour être élevés à la brochette, et, en cas qu'ils ne le soient pas assez, on les donnera à une femelle qui aura des petits de la même force, quoique la malade pût et voulût les nourrir.

La femelle hollandaise, par suite de sa faible constitution, est plus sujette à tomber malade que la femelle ordinaire. Quand cela arrive pendant qu'elle couve, il faut donner de préférence ses œufs à cette dernière pour les couver, parce que la serine ordinaire, étant plus robuste, peut, mieux qu'une hollandaise, supporter les fatigues de l'incubation.

Dans le cas où cette même femelle serait atteinte de maladie après que ses petits seraient éclos, il faudrait également les confier de préférence à une serine ordinaire.

DE L'ÉCLOSION.

La veille de l'éclosion, il faut changer le sable fin et tamisé qu'on a eu la précaution de mettre dans la cage des serins dès l'instant même qu'on les y a fait entrer, et nettoyer tous les bâtons.

Il y a des petits serins qui sortent de leurs œufs sans difficulté; mais il y en a d'autres qui périraient si on ne les secourait. Lorsqu'on a remarqué que le petit a fait une assez longue fracture à sa coquille, avec déchirement de la membrane, et que cette déchirure reste la même pendant cinq ou six heures et qu'elle ne s'allonge point, on peut en conclure que le serin est collé dans l'intérieur de l'œuf. Pour voir comment un serin peut être collé dans sa coquille et comment il arrive qu'il le soit, il ne faut que savoir qu'entre la membrane et son corps il y a un reste d'une liqueur épaisse qui est du blanc d'œuf; que, si cette liqueur sèche, elle devient une véritable colle, très-capable d'attacher à la membrane les plumes qui la toucheront. Pour le tirer de ce mauvais pas, il faut frapper de petits coups avec un corps dur, comme par l'un ou par l'autre des bouts d'une clef; on prolongera la fracture jusqu'à ce qu'on lui ait fait parcourir une circonférence complète, et ensuite on déchire la membrane qui est au-dessous de la fracture; on peut le faire avec la pointe d'une épingle, avec celle des ciseaux; mais il faut se donner bien garde de la faire pénétrer dans l'intérieur de l'œuf, au delà de ce que demande le déchirement qu'elle doit opérer, car, si on piquait le petit serin, même légèrement, il mourrait immanquablement.

ÉDUCATION DES JEUNES SERINS.

LA NOURRITURE QUI LEUR CONVIENT AUX DIFFÉRENTS AGES, ET LES SOINS QU'ILS EXIGENT.

Le temps le plus difficile pour gouverner les serins, c'est lorsqu'ils sont petits. Souvent on est obligé de les nourrir à la brochette, soit à cause de la maladie de la femelle, soit pour d'autres raisons, surtout quand on veut leur apprendre des airs de serinette ou de flageolet. Si c'est pour leur apprendre des airs, il faut qu'ils soient assez forts pour les ôter de dessous la mère, sans néanmoins qu'ils le soient trop. On ne les sèvrera donc de leur mère, quand ils sont d'une race délicate, qu'au quatorzième jour, et au douzième, s'ils sont robustes. On leur préparera pour nourriture une des deux pâtes suivantes : on mettra dans un mortier ou sur une table unie, en deux ou trois fois, un demi-litre de navette, bien sèche et bien vannée ; on l'écrasera avec un rouleau de bois en le roulant et déroulant plusieurs fois, en sorte que, la navette se trouvant bien broyée, on puisse en faire sortir l'écaille pour qu'elle reste nette ; on y ajoute environ trois échaudés en sus, écrasés et réduits en poudre. Après en avoir ôté la première croûte, on y met un biscuit. Tout cela étant mêlé et réduit en poudre, on le met dans une boîte neuve de chêne, qu'on pose dans un lieu qui ne soit point exposé au soleil. On prendra de cette poudre une cuillerée ou plus, selon le besoin ; par ce moyen, on trouvera dans le moment la nourriture de ses serins faite ; on y ajoutera un peu de jaune d'œuf et une goutte d'eau pour humecter le tout ensemble. Mais, après vingt jours que cette mixtion pulvérisée est faite, il ne faut plus leur en donner, parce que la navette s'aigrit. Quand, passé ce temps, il en reste, il faut la donner aux père et mère. La nourriture suivante est un composé de la façon de M. Hervieux; nous allons la rapporter ici : elle nous a paru plus profitable.

Les trois premiers jours où l'on commence à donner la becquée aux serins, on prend un morceau d'échaudé, dont la croûte est ôtée à cause de son amertume, on y ajoute un très-petit morceau de biscuit, ils doivent être l'un et l'autre très-durs, on les réduit en poudre ; on y met ensuite une moitié ou plus, s'il est besoin, de jaune d'œuf, que l'on détrempe avec un peu d'eau, le tout bien délayé, en sorte qu'il ne s'y trouve aucun durillon. On aura soin que la pâte ne soit pas trop liquide. Quand l'œuf est dur et frais, le blanc peut aussi bien se délayer que le jaune, les petits n'en sont pas si échauffés. Après que les trois premiers jours sont écoulés, on ajoute à ce composé une pincée de navette bouillie, sans être écrasée ; mais on aura attention de la laver dans l'eau fraîche après qu'elle aura fait un bouillon ou deux. On leur donnera aussi, de temps en temps, une amande douce, pelée et bien pilée, que l'on confondra avec leur pâte ; quelquefois aussi, lorsqu'on s'aperçoit que les petits sont bien échauffés, on leur mettra une petite pincée de graine de mouron, la plus mûre qu'on puisse trouver. On fera ce composé deux fois par jour dans les grandes chaleurs, de peur qu'il ne s'aigrisse. Si les petits serins deviennent malades pendant le temps qu'on les élève ainsi, ce qui peut fort bien arriver, on prendra alors une poignée de chènevis, on le lavera dans de l'eau de fontaine, et, après l'avoir écrasé avec un pilon de bois dans une seconde eau, on l'exprimera fortement dans un linge blanc, et on se servira de cette eau, qu'on appelle lait de chènevis, pour lénifier le composé ci-dessus indiqué. On peut jeter aussi, de temps en temps, aux serins de la mie de pain dans la volière, pourvu qu'elle ne soit pas tendre.

Mais ce n'est pas assez de savoir faire la pâte propre aux serins, il faut encore savoir leur refuser et leur donner la nourriture à propos. Voici donc les règles qu'on suivra : on la leur donnera, la première fois, à 6 heures et demie du matin, au plus tard; la seconde fois, à 8 heures; la troisième, à 9 heures et demie; la quatrième, à 11 heures; la cinquième, à midi et demi; la sixième, à 2 heures; la septième, à 3 heures et demie; la huitième, à 5 heures; la neuvième, à 6 heures et demie; la dixième, à 8 heures; la onzième et dernière fois, à 8 heures trois quarts.

Cette dernière becquée n'est cependant pas absolument nécessaire. On a une petite brochette de bois, bien unie et mince par le bout; il faut qu'elle soit de la longueur du doigt; les plumes taillées exprès ne sont pas, à beaucoup près, aussi usitées. On donnera aux petits serins, à chaque fois, quatre ou cinq becquées, en sorte que leur jabot ne soit pas trop bouffi, car ils pourraient fort bien étouffer.

A vingt-quatre ou vingt-cinq jours, on cessera de leur donner la becquée, surtout lorsqu'on les verra éplucher assez bien. Pour les jonquilles et agates, on continuera de la faire jusqu'à trente jours; on les met, quand ils commencent à manger seuls, dans une cage sans bâtons. On aura un peu de petit foin ou de mousse bien séchée au bas de la cage, et on leur donnera pour nourriture, pendant le premier mois qu'ils mangent seuls, du chènevis écrasé, du jaune d'œuf dur, de l'échaudé ou biscuit, sec ou râpé, un peu de mouron bien mûr, et de l'eau dans laquelle il y a un peu de réglisse. On placera tout cela au milieu de la cage; on mettra aussi de la navette sèche dans leur mangeaille.

Il y a de certaines femelles qui déplument leurs petits à mesure que la plume commence à leur pousser, et c'est ordinairement sept ou huit jours après qu'ils sont nés. On remédie à ces inconvénients de deux manières différentes: on ôte les petits, s'ils sont assez forts pour être élevés à la brochette, ou bien, si on est obligé de les laisser, on les met dans une petite cage avec leur nid posé au milieu de la cage; mais il faut que les bâtons de cette petite cage soient éloignés les uns des autres à une distance convenable, pour que le père et la mère puissent nourrir les petits à travers les bâtons, sans les déplacer autant qu'ils feraient, s'ils n'étaient point renfermés dans cette petite cage.

Il arrive encore quelquefois que des femelles suent sur leurs petits, quand ils n'ont que deux ou trois jours, et quelquefois même aussitôt qu'ils sont nés ; on s'en aperçoit fort aisément : la femelle a alors les plumes de dessous le ventre et de l'estomac mouillées, ce qui empêche le duvet des petits de venir aisément. Lorsque les petits ont atteint six jours avant que les femelles suent, ils sont hors de danger ; mais il en meurt beaucoup qui ne parviennent pas à cet âge. Le remède le plus sûr et le plus infaillible, dans ce cas, est d'ôter au plus tôt les petits de dessous la mère, et, quand on se trouve sans avoir de femelle qui aient des petits éclos à peu près du même temps, il faut chercher quelque ami qui en ait, pour les mettre avec les siens, sous la femelle, afin de les élever.

Un accident qui arrive aux serins sans qu'on s'y attende, c'est qu'une femelle ne nourrit pas ses petits, quoiqu'elle les couve cependant toujours ; lorsqu'on s'aperçoit de cela, on lui ôte ses petits sans perdre de temps, et on les donnera promptement à une autre femelle ; on choisira surtout celle qui nourrit bien et dont les petits soient à peu près de la même force que ceux qu'on lui donne. Quand, dans une couvée, il s'en trouve de moins forts que les autres, on pourra les changer en mettant les plus forts avec les plus forts, et les plus petits ensemble.

Quand une femelle tombe malade quelques jours après que ses petits sont éclos, ou lorsqu'elle les abandonne, il faut alors, n'ayant point d'autres femelles auxquelles on puisse les donner à nourrir, acheter promptement une nichée de moineaux tout jeunes : on les mettra, à proportion qu'il en sera besoin, dans le nid des petits orphelins, afin que, se trouvant les uns avec les autres, ils entretiennent la chaleur naturelle des petits ; on donne la becquée pendant toutes les heures à ces petits serins, selon la méthode que nous avons prescrite ; quand le temps est un peu froid, on ajoute encore par-dessus une petite peau d'agneau bien douce. On nourrit les moineaux d'une nourriture plus commune que celle des serins, pour qu'ils ne viennent pas trop gros en peu de temps.

DE LA CONNAISSANCE DES SEXES.

Pour distinguer les serins mâles d'avec les femelles, la chose n'est pas aussi facile qu'on se l'imagine ; cependant une règle certaine, c'est que le serin mâle a une espèce de feù jaune sous le bec qui descend plus bas qu'à la femelle, et qu'il a les tempes fort dorées ; le mâle a, en outre, la tête un peu plus grosse et un peu plus longue que la femelle ; d'ailleurs, il est ordinairement un peu plus haut monté que la femelle ; il est aussi plus haut et plus vif en couleur. Enfin, le mâle commence à gazouiller presque aussitôt qu'il mange seul; mais, après que la première mue l'a quitté, on entend le mâle, qui ne faisait que gazouiller auparavant, faire connaître par son chant ce qu'il est, sans qu'on puisse en douter.

INDICES SERVANT A DISTINGUER LES VIEUX SERINS D'AVEC LES JEUNES.

Quànd on veut distinguer un vieux serin d'avec un jeune, on y peut parvenir de deux manières : la force, la couleur et le chant sont les trois signes auxquels on s'attachera. Tout serin vieux a la couleur bien plus foncée et plus vive, dans son espèce, qu'un jeune ; ses pattes sont rudes et tirent sur le noir, surtout s'il est gris ; d'ailleurs, il a les ergots plus gros et plus longs que les jeunes. Les serins vieux, après avoir passé deux mues, sont aussi plus forts, plus vigoureux, et en meilleure chair que les jeunes, leur chant est aussi plus fort et dure plus longtemps.

MANIÈRE D'INSTRUIRE LES SERINS AU FLAGEOLET ET A LA SERINETTE.

Lorsqu'on veut instruire un serin au flageolet, on le met dans une cage séparée, huit ou quinze jours après qu'il mange seul ; si, quinze jours après, il commence à gazouiller, ce qui prouve qu'il est un mâle, on le sépare aussitôt des autres ; on le met dans une cage couverte d'une toile fort claire : pendant les premiers huit jours, on le place dans une chambre éloignée de tout autre oiseau, de sorte qu'il ne puisse entendre aucun ramage ; après quoi on joue d'un petit flageolet dont les tons ne soient pas trop élevés. Ces quinze jours écoulés, on change cette toile claire pour y substituer une serge, verte ou rouge, bien épaisse, et on laisse l'oiseau toujours dans cette situation, jusqu'à ce qu'il sache parfaitement son air. Lorsqu'on lui donne de la nourriture, qui doit être au moins pour deux jours, il ne faut la lui donner que le soir, et non pendant le jour, pour qu'il ne se dissipe pas et qu'il apprenne plus vite ce qu'on lui enseigne. A l'égard des airs, on ne leur apprendra qu'un prélude avec un air choisi seulement, car ils peuvent oublier facilement trop d'airs ou des airs trop longs ; à défaut de flageolet, on se sert de serinette pour les instruire ; ces oiseaux n'apprennent pas tous aisément : les uns se déclarent au bout de deux mois, et à d'autres il en faut plus de six : cela dépend des différents tempéraments et inclinations de ces oiseaux.

LE ROSSIGNOL

Le rossignol est de tous les oiseaux celui dont le chant est le plus mélodieux ; aussi occupe-t-il la première place, suivant les naturalistes, parmi les oiseaux de chant ; il est un peu moins gros que le moineau, et est à peu près de la grosseur de la fauvette : sa tête, son cou et son dos sont communément d'un gris brun tirant sur le roux ; sa gorge, sa poitrine et son ventre sont gris-blanc ; mais cette couleur est un peu plus foncée à la partie inférieure de la gorge, et très-claire sur le ventre ; les ailes sont mélangées de gris brun et de blanc roussâtre ; la première plume de chaque aile est fort courte ;

il y a douze plumes à sa queue, nuancées de brun plus ou moins roux ; chaque pied a trois doigts en avant, et par derrière un quatrième dont l'ongle est courbé en arc.

La femelle ressemble tellement au mâle, qu'il est très-difficile de la distinguer. Le jeune mâle se fait reconnaître par son gazouillement presque aussitôt qu'il mange seul, et le vieux en ce qu'il a l'anus plus gonflé et plus allongé, ce qui forme un tubercule ou proéminence qui excède de 5 millimètres au moins le niveau de la peau ; ce tubercule n'est apparent qu'au printemps, époque où les oiseaux sont en amour, et disparaît, ou plutôt rentre à l'intérieur dans les autres saisons, distinction qui, dans la plupart des oiseaux, surtout les petits, indique la différence des sexes.

Il y a plusieurs espèces de rossignols : 1° le grand rossignol, qui habite les plaines ; il est un peu plus grand que le rossignol ordinaire, il est cendré presque par tout le corps, et a fort peu de roux ; il l'emporte de beaucoup par son chant sur le rossignol ordinaire, le rossignol de muraille, qui fait son nid dans les trous de muraille, d'où lui est venu son nom. Il s'en trouve de deux variétés : l'une est cendrée, c'est la variété du mâle ; et l'autre est à poitrine tachetée : c'est la variété de la femelle.

Le rossignol ne vit point en société de même que les autres oiseaux ; aussi ne place-t-il jamais son nid dans le voisinage d'un autre. Il est de sa nature craintif et sauvage ; et ce n'est qu'avec peine qu'on peut l'apprivoiser ; cependant on parvient à le rendre familier. Il est jaloux de sa femelle, vorace, gourmand ; quoiqu'il cherche toujours un endroit à l'abri du vent du nord, on l'a vu néanmoins résister plusieurs fois au froid, et chanter même en plein air sur un arbre, pendant les jours de froids piquants qui règnent quelquefois en avril. On en a conservé pendant douze et quinze ans, et même davantage. C'est un oiseau de passage : il ne paraît guère avant la mi-avril, et dès la fin d'octobre on n'en voit ordinairement plus.

Lorsque cet oiseau est en liberté, comme il est naturellement vorace et carnassier, il se nourrit d'araignées, de cloportes, de mouches, d'œufs de fourmis, de vers et autres insectes, de figues et de baies de cornouiller. Les lieux frais et ombrageux, tels que les bosquets, treilles, haies vives, forment ordinairement son séjour ; il se garantit même par là du froid, qui lui est nuisible ; il n'habite que fort rarement sur les arbres élevés, si on en excepte cependant le chêne. Une observation qu'on a encore faite au sujet de l'habitation du rossignol, c'est qu'il choisit par préférence les endroits où se trouvent les échos, et que, pour chanter, il se place communément dans le lieu le plus convenable pour être entendu par sa femelle pendant qu'elle couve, et pouvoir veiller en même temps sur son nid ; mais il ne se tient pas néanmoins toujours à la même place, il en adopte deux ou trois, qui lui paraissent les plus avantageuses ; il s'y rend constamment pour récréer sa femelle par son chant et pour faire en même temps sentinelle.

De tous les oiseaux, le rossignol est celui qui a le chant le plus harmonieux, le plus varié et le plus éclatant. Il n'est pas un seul oiseau chanteur qu'il n'efface ; il réunit les talents de tous ; il réussit dans tous les genres. On compte dans son ramage seize reprises différentes, bien déterminées par leurs premières et dernières notes ; il les soutient pendant vingt secondes, et la sphère que remplit sa voix est au moins d'un mille de diamètre. Il n'est donc pas étonnant qu'on ait cherché les moyens de jouir plus longtemps de ce ramage inimitable ; mais, pour conserver à sa voix le charme qui, dans l'oiseau libre, disparaît avec ses amours, il faut le tenir en captivité ; ce n'est pas assez, il exige de la patience, des attentions ; il faut lui prodiguer des soins que ne demandent pas les autres oiseaux, car c'est un captif d'une humeur difficile qui ne rend le service désiré qu'autant qu'il est bien traité.

C'est au mois de mai que cet oiseau commence à entrer

en amour ; il se fabrique un nid de forme hémisphérique, et c'est avec le plus grand art qu'il le construit. Il emploie, à cet effet, de la paille, des feuilles d'arbre et de la mousse, et il arrange si bien ces divers matériaux, qu'on dirait qu'ils sont collés ensemble pour ne former qu'un seul tout. Cependant, si on manie un peu rudement ce petit édifice, il est bientôt détruit ; ce nid est ordinairement placé dans des bosquets épais, de façon néanmoins que le soleil, à son lever et à son coucher, y puisse darder ses rayons ; mais, pour les rayons brûlants du soleil du midi, notre architecte a grand soin d'en défendre son édifice. On trouve encore quelquefois les nids de rossignols placés à terre sous des haies et des rejetons d'arbres, et d'autres fois à une petite distance de la terre, dans des buissons verts et touffus. Quand les nids des rossignols sont ainsi placés, il arrive rarement que leurs pontes réussissent ; les œufs ou les petits deviennent presque toujours la proie des renards, des fouines, des belettes, des chiens de chasse et d'autres animaux.

La ponte des femelles est de trois œufs, quatre ou cinq au plus, fort agréables à la vue, d'une écaille très-fine, et d'une couleur obscure d'olive ; et chaque femelle ne fait guère que trois pontes par année : encore la dernière ne réussit que très-rarement, d'autant qu'elle tombe au mois de septembre et que c'est ordinairement dans ce mois que le froid commence à se faire sentir. Quelques oiseleurs croient que la ponte d'août est la meilleure, mais d'autres préfèrent les premières ; ils prétendent même, et avec raison, que les petits qui en proviennent ont plus de force et de vigueur que ceux des autres pontes, et qu'ainsi ils doivent l'emporter de beaucoup pour le chant sur ceux de ces dernières pontes. Un autre agrément qu'on a encore en se procurant les petits de la première ponte, c'est que la mue, si meurtrière pour les oiseaux, arrivant durant l'été, ceux-ci y résistent plus facilement que ceux chez lesquels elle se ferait en hiver, et c'est là précisément le cas des petits de la dernière ponte. Au bout de dix-huit jours d'incubation, les petits commencent à éclore ; on les sèvre au bout de douze ou quatorze jours.

Rien n'est plus facile que de découvrir les nids des rossignols pour en élever les petits, et les élever dans les appartements : comme le rossignol mâle ne s'éloigne jamais beaucoup de son nid, il ne s'agit que de se rendre le matin au lever du soleil, ou le soir à son coucher, à l'endroit où on l'a entendu chanter les jours précédents ; pourvu qu'on se tienne tranquille sans faire le moindre bruit, les allées et les venues du mâle et de la femelle et les cris des petits décèleront bien vite ce que l'on cherche, mais on se gardera bien, si on veut élever les petits du rossignol, de les tirer hors du nid, ou du moins de les enlever avec leurs nids, qu'ils ne soient bien couverts de plumes. Après les avoir ainsi soustraits à leurs père et mère, on les mettra, avec le nid et de la mousse, dans un panier de paille ou d'osier, muni de son couvercle, qu'on tiendra cependant un peu ouvert pour la communication de l'air, ou on en fera un à claire-voie, et on le couvrira pendant la nuit d'une étoffe chaude ; il faut surtout prendre garde qu'ils ne sortent du panier après leur avoir donné la becquée, de peur qu'ils ne prennent dans le moment la goutte, qui est pour eux une maladie incurable. On ne placera le panier que dans un endroit qui ne soit pas des plus fréquentés, et on les tiendra proprement jusqu'à ce qu'ils puissent bien se soutenir sur leurs jambes ; alors on les mettra dans une cage dont le fond est garni de mousse. Avec toutes ces précautions, on est certain de les amener à bien et d'avoir des oiseaux bien portants, robustes et propres au chant ; mais on doit se conformer à la manière de les nourrir indiquée ci-après.

Il faut savoir leur donner la nourriture et la leur refuser à propos ; ils sont si délicats, que le moindre excès peut les étouffer. On ne doit pas avoir égard à leurs demandes réitérées, car ils ouvrent le bec à tout moment, soit qu'on les approche, soit qu'on touche au nid ; il faut donc, pour réussir, ne pas s'écarter du régime suivant.

On leur donnera la première becquée une demi-heure après le lever du soleil, la seconde une heure après, et ainsi d'heure en heure jusqu'à la dernière, qui sera vers le soleil couchant ; après il faut leur refuser quoiqu'ils demandent ; mais la dernière doit être plus forte que les autres, à cause de la nuit. On se sert pour cela d'une petite brochette de bois bien unie, un peu mince par le bout et de la largeur d'environ le petit doigt, et on ne leur donnera à chaque fois que quatre becquées ; après trois semaines ou un mois au plus, ils mangeront seuls, et les mâles commenceront à gazouiller ; alors on les sépare et on les met dans différentes cages ; car ces oiseaux aiment à vivre seuls.

On leur préparera pour nourriture du cœur de mouton ou de veau cru, dont on enlèvera exactement les peaux, les nerfs et la graisse, et on le hachera fort menu ; on y mêlera moitié de pain de pavot râpé très-fin ; on en formera des boulettes de la grosseur d'un petit pois, et on donnera aux petits rossignols de ces boulettes, comme il a été dit plus haut. A défaut de ces boulettes, on leur donnera du jaune d'œuf dur ; on aura l'attention de les faire boire deux ou trois fois par jour avec un peu de coton trempé dans l'eau. On pourrait aussi leur donner pour nourriture une préparation faite avec de la mie de pain, du chènevis broyé et du bœuf bouilli et haché avec un peu de persil.

Dès qu'on s'apercevra qu'ils veulent manger seuls, on attachera à leur cage un morceau de la grosseur d'une noix de cœur de bœuf, préparé de la manière prescrite ci-dessus. On mettra aussi dans la cage une auge pleine d'eau, et on renouvellera cette eau une ou deux fois par jour, surtout pendant les grandes chaleurs de l'été ; on renouvellera aussi leurs aliments solides, qui pourraient très-bien se corrompre en peu de temps dans cette saison. Quand les petits mangeront une fois seuls, on mettra leur nourriture dans les augets de la cage ; on en garnira le fond d'une petite pierre carrée pour que cette nourriture puisse s'y conserver sans se gâter : on placera la pâte d'un côté et le cœur de l'autre.

On connaît le mâle de la nichée, à ce qu'on dit, aux signes suivants : dès qu'il a mangé, il se perche et s'essaye à former des sons ; du moins on peut en juger par le mouvement de sa gorge. Il se tient assez longtemps ferme sur un seul pied, et quelquefois il voltige tout autour de sa cage avec une ardeur inquiète et une espèce de fureur.

Il y a des personnes qui prétendent que les petits ainsi enlevés du nid ne chantent pas si bien que ceux qui sont élevés dans les bois, et la raison qu'elles en donnent, c'est que ceux-là n'ont pas été instruits par les père et mère ; aussi recommandent-elles de tenir les jeunes rossignols à portée d'entendre le chant d'un rossignol de bois. L'expérience nous apprend cependant qu'une pareille précaution est très-inutile.

Lorsqu'on veut apprendre à un jeune rossignol des airs sifflés ou de flageolet, dès qu'il peut manger seul, on le met dans une cage couverte de serge verte ; on le place dans une chambre éloignée, non-seulement de tout oiseau étranger, mais encore des autres rossignols, tant jeunes que vieux, pour qu'il ne puisse entendre aucun ramage ; on mettra la cage, les huit premiers jours, à côté de la fenêtre ou à la clarté du plus grand jour de la chambre, après quoi on l'éloignera jusqu'au fond de la chambre, et on l'y laissera tout le temps qu'on sifflera le rossignol.

Mais il ne suffit pas encore que le rossignol auquel on veut apprendre des airs soit éloigné de tout autre visiteur, il faut encore qu'il soit tranquille et qu'il ne vienne presque personne dans l'endroit où on l'a placé.

Quant au temps et aux heures qu'il faut observer pour le siffler, voici l'usage le plus communément reçu ; ce n'est pas à force de leçons qu'on parvient à lui apprendre à siffler plus vite, c'est une erreur dans laquelle tombent bien des gens ; une demi-douzaine de leçons par jour suffit, deux le matin en se levant, deux autres dans le milieu de la journée, et autant le soir en se couchant ; les leçons du matin et du soir seront les plus longues, l'oiseau est moins dissipé, et il retient alors plus aisément ; à chaque leçon, on répète au moins dix fois l'air qu'on lui enseigne, mais il faut avoir attention de lui siffler ou jouer le même air tout de suite, sans lui répéter deux fois le commencement ou la fin. On ne lui en apprendra que deux au plus ; on doit être bien content quand un rossignol en sait chanter deux.

L'instrument dont on se servira pour les instruire doit être plus moelleux et plus bas que le petit flageolet ordinaire, ou les serinettes propres à siffler les serins de Canarie et autres petits oiseaux ; on se servira donc à la place de ceux-ci d'un gros flageolet fait en flûte à bec ; son ton grave et plein convient mieux au gosier du rossignol. On pourrait très-bien construire un instrument dont les tons seraient semblables à celui de ce flageolet, et on nommerait cet instrument ROSSIGNOLETTE. Par ce moyen, on ne se fatiguerait pas la poitrine. Il est cependant vrai de dire qu'en sifflant un oiseau avec la bouche on peut plus facilement se conformer au ton naturel de l'oiseau, et quand même on ferait quelques fautes ou qu'on ne pourrait pas donner à l'air les tons de voix et les inflexions qui le rendraient gracieux, l'oiseau lui redonnerait ce qui manquerait du côté de l'agrément.

Il faut profiter du jeune âge du rossignol pour l'instruire, autrement on court le risque de perdre son temps et ses peines ; mais il ne faut pas s'attendre que cet oiseau puisse répéter une partie des leçons qu'on lui a données même après la mue ; il s'en est trouvé qui ne l'ont fait qu'après l'hiver ; c'est la raison pour laquelle il ne faut pas se rebuter lorsqu'on les siffle, s'ils ne profitent pas tout de suite.

Si on veut qu'un rossignol chante en domesticité, il faut lui rendre son domicile agréable, lui tendre sa prison, sa cage, de serge verte, l'ombrager de feuillage, étendre de la mousse sous ses pieds, le mettre dans un endroit chaud et éloigné de tout ce qui pourrait lui faire peur.

Pour apprendre aux rossignols à parler, il faut les instruire, précisément dans un endroit où ces oiseaux ne puissent entendre d'autres voix que celle de la personne qui leur donne la leçon. Cette personne leur inculque assidûment ce qu'elle veut leur faire entendre, elle les caresse même à cet effet en leur donnant quelques friandises.

Les rossignols sont assez dans l'habitude de se baigner le soir après avoir chanté ; et, s'ils aiment l'eau, le feu leur plaît aussi beaucoup, de manière que, s'ils s'échappent de leur cage, ils ne manqueront pas de se précipiter sur la chandelle ou dans le feu, s'il y en a. Ils ne veulent point être maniés ; s'ils se salissent les pattes, il faut leur donner de l'eau, et ils sauront bien se nettoyer eux-mêmes.

Mais c'est assez parler des jeunes rossignols ; venons actuellement aux vieux.

Lorsqu'on a bien remarqué l'endroit où un rossignol a enfin établi sa demeure, rien n'est plus facile que de l'attraper. Le vrai temps pour cette espèce de chasse est depuis le commencement d'avril jusqu'à la fin ; ceux qui sont pris plus tard, et lorsqu'ils sont déjà accouplés, ne chantent presque plus le reste de l'année. Quant à l'heure propice pour les attraper, c'est au lever du soleil, temps où l'oiseau, se trouvant à jeun, est beaucoup plus vorace et plus avide de vers et d'insectes. La veille au soir on se rend au lieu qu'on a remarqué propre pour tendre le filet le lendemain ; après y avoir un peu remué la terre, on y enfonce, de distance à autre, des petites baguettes de la longueur de trente-deux centimètres, à l'extrémité supérieure desquelles on attache quelques vers de farine ; on recommence deux ou trois fois le même procédé. Au point du jour le rossignol, en cherchant sa nourriture, aperçoit les vers dont il doit faire sa proie, et il revient souvent au même endroit ; aussi, dès qu'on trouve tous les vers mangés dans cet endroit, on y tend son trébuchet, et on est sûr d'y prendre l'oiseau.

Lorsqu'on est maître de l'oiseau, on le tire adroitement du trébuchet, afin de lui conserver son plumage et de ne point lui casser les pattes ; on le transporte chez soi dans une espèce de bourse construite de manière que l'oiseau puisse entrer d'un côté et sortir de l'autre, on le met ensuite dans une cage qu'on place au dehors d'une fenêtre, et qu'on attache solidement sous un petit auvent à l'exposition du soleil levant.

Cette cage sera construite avec des planches de sapin ou de hêtre, bien saines et bien sèches, en forme de caisse carrée, de quarante-cinq centimètres de longueur sur trente-sept de hauteur et vingt-sept de profondeur. Le devant en est fermé par une grille de fil de fer ou de bois ; on recouvre dans les premiers jours cette cage avec une serge verte, qu'on arrête par le moyen de petits clous ; la portière en est placée sur le côté en bas ; elle sera assez grande pour que la main puisse entrer et sortir aisément, afin de pouvoir donner à manger et à boire à l'oiseau sans l'effaroucher. Au-dessus du pot destiné à mettre la mangeaille ou la pâtée, on pratiquera au haut de la cage un petit trou pour pouvoir y mettre un entonnoir de fer-blanc, au moyen duquel on pourra jeter au rossignol les vers de farine. C'est donc dans une pareille cage, ainsi couverte et obscure, qu'on tiendra le rossignol nouvellement pris et pendant tout le temps qu'il a coutume de chanter ; mais, quand on sera au mois de juillet, on l'habituera peu à peu au grand jour, en levant insensiblement la serge qui ferme le devant de la cage. Quelques amateurs conseillent de le mettre dans une autre cage; mais celle-ci, dont ils donnent la description, peut très-bien être la demeure du rossignol; il suffit uniquement de lui mettre un double fond et de pratiquer une seconde porte en devant, afin de le pouvoir mettre en liberté quand on le veut.

Quant au boire et au manger, dès que l'oiseau ne sera plus dans l'obscurité, on placera les portes qui contiennent l'un et l'autre un peu plus haut, à la hauteur des bâtons; tant et si longtemps que le rossignol est privé du grand jour, il ne faut pas nettoyer sa cage de peur de l'effaroucher, il n'en résulte aucun inconvénient pour les pattes de cet oiseau, car dans sa prison il est presque toujours sur les bâtons; il n'en descend que pour manger et boire. Rendu à la lumière, on ne sera pas même obligé de le nettoyer bien souvent; il suffit de répandre sur le fond de sa cage de la mousse sèche; la fiente de l'oiseau s'y dessèche bien vite; l'entonnoir qui servait à faire tomber dans les pots la pâte, les vers de farine, devient alors inutile, car on peut très-bien habituer l'oiseau à venir les prendre à la main. Il est à observer que, si l'on donne trop de vers de farine au rossignol, il devient maigre; l'excès le fait même toujours tomber dans l'éthisie.

On se sert quelquefois des rossignols pour élever leurs petits, on les fait même nicher; mais il faut auparavant les apparier; il ne s'agit pour cela que de tendre deux filets près de l'endroit où on aura découvert un nid; il ne faut pas cependant que ce soit au commencement du printemps, afin qu'ils soient déjà au fait d'élever leurs petits. Le mâle et la femelle seront bientôt pris. On les place alors dans une grande volière ou dans un cabinet où il n'y ait que très-peu de jour; ils se chargeront eux-mêmes du soin d'élever leur petite famille. On leur donne à boire et on leur prépare un mélange de mie de pain, de chènevis broyé, de foie de bœuf bouilli et haché avec un peu de persil; on y ajoute de temps en temps un jaune d'œuf dur, ou bien la pâte décrite ci-dessus. Quand les petits mangeront seuls, on en séparera le père et la mère, que l'on mettra dans deux cages différentes, et on les y laissera jusqu'au printemps suivant ; on les mettra alors en liberté dans le cabinet et on jettera des feuilles sèches de chêne, de chiendent, de la mousse et un ou deux nids de rossignols qu'on aura conservés des années précédentes ; on placera dans un des angles de la volière ou du cabinet une botte de branchages secs, dont on assujettira le gros bout ; on imitera ainsi un buisson dans lequel ces oiseaux ont coutume de construire leurs nids.

On mettra aussi dans le cabinet une petite caisse profonde de cinquante-cinq à quatre-vingts millimètres et d'un mètre de diamètre, qu'on remplira de terre, et une petite baignoire de terre ou de faïence, dont on renouvellera l'eau tous les jours ; dès que la femelle commence à couver, on ôtera la baignoire, de peur qu'en sortant de l'eau et étant entièrement mouillée elle n'aille se remettre sur ses œufs, qui pourraient très-bien en souffrir. La volière ou le cabinet où on les mettra doit être exposé au midi. On a observé plusieurs fois qu'on pouvait lâcher le père et la mère tant et si longtemps que les petits ne sont pas en état de voler ni de manger seuls, sans craindre de les perdre ; il suffit seulement d'avoir l'attention de ne pas les laisser sortir tous deux à la fois, mais de lâcher d'abord le mâle seul ; ensuite la femelle encore seule ; après quoi seulement tous les deux ensemble ; mais il faut surtout que l'ouverture par laquelle ils sortent et rentrent soit près de leur nid. Ils profiteront de cette liberté pour attraper mille espèces d'insectes qu'ils apporteront à leurs petits. On se gardera bien encore d'entrer souvent dans le cabinet tandis que le mâle et la femelle ont la liberté d'en sortir, et d'y laisser entrer surtout aucun animal, tel que chien, chat, etc. Il n'en faudrait pas davantage pour les empêcher de rester dans leur demeure.

Le rossignol n'est point malade qu'on ne le connaisse à son silence, au désordre de ses plumes et à son air chagrin.

Quelquefois un abcès l'attaque au croupion, où il s'engendre du pus qui le fait languir.

Cette maladie lui vient ordinairement de ce qu'on ne lui donne point d'herbes à manger qui le rafraîchissent et lui lâchent le ventre. Le seul remède est de lui percer l'abcès avec les ciseaux et de le presser ensuite avec le doigt ; on restaurera ensuite le rossignol en lui donnant des vers de farine, une araignée, des cloportes ou quelques autres insectes semblables.

Cet oiseau est sujet à la gale de la tête et aux poux ; la partie galeuse est déplumée ; le remède est de le rafraîchir avec des bettes, des choux ou du mouron coupé menu, et de l'arroser avec du vin qu'on jettera de la bouche ; ensuite le sécher au soleil ou au feu ; on l'oindra de beurre ou d'huile pour remédier aux poux, et tous les mois on le changera de cage.

La goutte attaque les oiseaux aussi délicats que les rossignols ; on les en préserve en les tenant l'hiver en cage chaude.

Les rossignols deviennent quelquefois aveugles pour trop chanter ; ce mal est sans remède ; ils ne laissent pas d'aller comme de coutume aux augets, et il s'en est même trouvé qui chantaient l'année suivante beaucoup mieux que les nouveaux.

La semence de chanvre donnée seule est nuisible aux rossignols, elle les fait tomber du mal caduc et souvent mourir ; c'est pourquoi on fera très-bien de ne leur en point donner.

Le dessèchement du poumon et de tout le corps est une maladie qui attaque souvent ces sortes d'oiseaux. Pour prévenir ce mal, il faut avoir soin de les bien nourrir, de les visiter souvent pour voir s'il ne leur manque rien ; car, sans doute, c'est le défaut de nourriture qui les fait languir ; il faut aussi varier leur mangeaille.

Ils meurent encore de trop de graisse qui les étouffe ; on

doit leur donner peu à manger et leur en donner plutôt deux fois pendant le jour, le matin et l'après-dîner, afin qu'ils ne s'engraissent pas trop.

Souvent les rossignols ont une grande liberté du ventre parce qu'ils ne mangent que de la viande fraîche, comme les oiseaux de proie. On remarque quelquefois du rouge dans leurs excréments liquides, et des glaires épaisses ; il faut aussitôt leur ôter l'usage de la viande et du blanc d'œuf pour prévenir la dyssenterie, ensuite leur donner de la pâte, du massepain, des jaunes d'œufs durs, après quoi on peut les remettre à leurs aliments ordinaires.

Quand les rossignols sont malades de la mue, il faut éviter de les exposer au froid du matin et du soir ; il faut les mettre au soleil modéré, leur jeter du vin tiède de la bouche sur les plumes, et enfin leur donner du sucre, des vers de farine, des araignées, des cloportes, des herbes coupées menues pour les fortifier et aider la nature. C'est ordinairement en juillet et août que cet oiseau entre en mue ; après cette mue, c'est-à-dire sur la fin de septembre, on le placera dans une chambre bien aérée pour y passer l'hiver, temps des plus critiques pour le rossignol qui périt ordinairement dans notre climat pendant cette triste saison.

Le rossignol, et tous les autres oiseaux qui mangent de la pâte, doivent être purgés une fois le mois pour le moins, en leur donnant deux ou trois vers de farine à la fois. Deux jours après, on mettra dans leur eau gros comme une noisette de sucre candi ; et toutes les fois que les oiseaux n'auront point de voix, on mettra un peu de réglisse dans leurs eaux, afin de donner plus de saveur à leur boisson et de leur éclaircir parfaitement la voix.

LE ROSSIGNOL DES MURAILLES

Cet oiseau se nomme parmi nous rossignol de murailles, et, suivant quelques auteurs, rouge-queue ; il ressemble en tout au rossignol franc, quoiqu'il soit un peu plus grand ; il en diffère seulement pour les couleurs. Il y en a de deux sortes, l'un plus grand et l'autre plus petit. Le plus grand est un peu en dessous de la grandeur d'une grive. Son bec est noir, mais peu foncé en couleur. Sa tête et son cou sont cendrés, avec quelque mélange de couleur de terre ; sa poitrine et son ventre tannés.

Le rossignol de murailles habite dans les mêmes endroits et se voit dans le même temps que le becfigue ; il aime cependant plus les montagnes et la fraîcheur que les plaines ; on le voit pendant l'été et les deux premiers mois de l'automne, mais il s'en va au mois de novembre pour éviter la rigueur de l'hiver. Il chante au printemps comme le rossignol franc ; il couve dans quelques trous d'arbres et quelquefois dans quelques souches près de terre ou dans une crevasse de quelque vieux bâtiment, y faisant deux ou trois œufs par couvée. Il remue souvent la queue comme le rouge-gorge.

Il se nourrit, à la campagne, de différentes baies, surtout de celles du cornouiller femelle, dit sanguin, et de quelques figues ou de fruits de ronce, de mouches, d'œufs de fourmis, ou d'autres choses de pareille nature. Si on veut l'élever à la maison, pour qu'il chante, on le gouvernera de la même manière que le rossignol franc, encore même avec plus de soin, parce qu'il est plus sauvage. Outre la pâte ordinaire, du cœur, on lui présentera encore pour aliment de petits morceaux de pain et des noix mâchées. Le mâle, qu'on doit rechercher pour le chant, aura la poitrine plus tachetée et d'une couleur tirant plus sur le rouge. Celui qui habite les plaines chante depuis le printemps jusqu'à l'entrée de l'été, il cesse quand il a couvé. Il est dans l'habitude de chanter le matin de bonne heure, tantôt sur les broussailles, tantôt sur quelque bâtiment inhabité. Celui qu'on a élevé en cage chante à toute heure, même pendant la nuit ; il apprend à siffler et à contrefaire les autres oiseaux, pourvu qu'il soit instruit.

Le rossignol de murailles vit environ six à huit ans.

LE CHARDONNERET

Le chardonneret est un petit oiseau qu'on place parmi ceux de chant. Le mâle a le sommet et le derrière de la tête d'un noir très-prononcé; le bec blanc à son extrémité inférieure; l'extrémité supérieure, que l'on nomme moustache, est noire; le dessous de l'œil jusqu'au sommet de la tête, ainsi que les joues et le haut de la gorge sont d'un rouge éclatant; le dessous du cou et le dos d'un brun rougeâtre, plus clair sur le croupion et les couvertures de la queue; les côtés de la tête, du cou et le ventre, blancs; les petites couvertures, les pennes des ailes et de la queue, noires, les grandes couvertures moitié jaunes, et les pennes des ailes, à l'exception de la première, de cette même couleur sur le côté extérieur ; l'aile, lorsqu'elle est dans son état de repos, présente une suite de points blancs ; les côtés de la poitrine ont une teinte rougeâtre ; la queue est un peu fourchue ; les pieds sont bruns.

La femelle diffère en ce que ses moustaches sont brunes ; le rouge de sa tête finit à l'extrémité de l'œil, tandis que, dans le mâle, il le dépasse de quelques millimètres ; les petites couvertures, au lieu d'être noires, sont grisâtres.

Le chardonneret vit douze à quinze ans ; il est indigène à la France ; il passe l'hiver dans nos climats. S'il n'était pas si commun, on en ferait grand cas, car c'est un joli oiseau ; d'ailleurs, il chante assez bien, quoique d'une voix perçante. Ces oiseaux volent par bande en automne et en hiver, quelquefois même jusqu'à près de deux cents ; il se ploie facilement à l'esclavage, et devient très-familier. Son activité et sa docilité font qu'il se prête volontiers à mettre de la précision dans ses mouvements, à faire le mort, à mettre le feu à un pétard, à exécuter diverses autres manœuvres, telles qu'à sauter sur une roue dans une cage, à y monter et descendre en volant, à tirer des petits seaux qui contiennent son boire et son manger ; mais, pour lui apprendre ce dernier exercice, que l'on nomme galère, il faut savoir l'habiller. L'habillement consiste dans une petite bande de cuir doux de six millimètres de large, percée de quatre trous par lesquels l'on fait passer les ailes et les pieds, et dont les deux bouts, se rejoignant sous le ventre, sont maintenus par un anneau auquel s'attache la chaîne du petit galérien. Cette chaîne a, à l'autre bout, un anneau passé dans le demi-cercle de bois qui lui sert de juchoir, et dont les deux bouts sont fixés dans la planche du fond. Sur cette planche, il y a une petite glace en face du cercle, et au-dessous de celui-ci en est une autre d'un diamètre plus grand, pour que l'oiseau puisse monter et descendre à volonté. Les deux seaux sont suspendus avec une petite chaîne au cercle d'en haut; dans l'un est le manger, et dans l'autre le boire, et ils sont arrangés de manière que l'on ne peut baisser l'un sans tirer l'autre en haut. Alors il faut qu'il use d'industrie pour attirer à lui celui qu'il veut avoir.

Le besoin de société pour le chardonneret, qui recherche celle de ses pareils, paraît chez lui être de première nécessité. C'est pourquoi il aime à se regarder dans la glace, et qu'on le voit souvent prendre son chènevis grain à grain, et l'aller manger devant elle, croyant sans doute le manger en compagnie.

Le chardonneret aime beaucoup les chardons, d'où lui vient son nom. On le trouve presque toujours perché sur les chardons à bonnetier, dont il mange les graines, vole aussi sur le grand trèfle, et en mange la semence ; il becquette, pour se nourrir, la tête du pavot ; il en tire très-bien la graine ; il aime encore celle de laitue, de chou et de chanvre ; il fait son nid sur les arbres, les buissons et les épines ; mais il choisit par préférence les endroits où il y a beaucoup de chardons, et diverses espèces de graines qui tombent sur terre après l'hiver, ou qui restent dans leurs enveloppes sur de vieilles tiges. Le nid est petit, rond et construit dans la dernière perfection ; il est fait de mousse, de laine, et garni en dedans de toutes sortes de poils. La ponte du chardonneret n'est que de quatre ou cinq œufs. Il couve jusqu'à trois fois par année, en mai, juin et août; la dernière couvée est la meilleure.

Le chardonneret s'accouple facilement avec la femelle du serin de Canarie (V. cet article), et ce n'est ni par la conformité du chant, ni par celle du plumage, que cet accouplement a lieu, car l'un et l'autre en diffèrent totalement : aussi ces différences ne caractérisent-elles pas les genres. Mais ces oiseaux s'accouplent ensemble, parce que les uns et les autres dégorgent leur manger dans le bec de la femelle, la mettant ainsi en amour, et deviennent ensuite plus propres à nourrir leurs petits, au lieu que le pinçon, par exemple, ne peut jamais s'accoupler, ni avec le serin, ni avec le chardonneret, ni avec aucune espèce d'oiseaux qui dégorgent, parce qu'il porte la becquée à la femelle lorsqu'elle couve, et il nourrit ainsi ses petits. Cela doit servir de règle pour tous les oiseaux qu'on veut accoupler.

Pour avoir de beaux mulets de chardonnerets et de serins, il faut que la femelle soit toute blanche ou jonquille, et que le mâle soit un chardonneret de la grosse espèce ; lorsqu'on les destine à cet usage, il est essentiel de les sevrer de chènevis et de les accoutumer au millet et à la navette, qui est la nourriture ordinaire des serins, et qui devrait être celle de toutes ces sortes d'oiseaux, surtout si on y mêle de la graine d'alpiste.

Pour élever les jeunes chardonnerets, il faut les prendre dans le nid, lorsque leurs plumes sont entièrement poussées, et on les nourrira de la manière suivante. On prendra des colifichets, des amandes mondées et de la semence de melon ; on pilera le tout ensemble, et on en fera une pâte ; on pourra encore faire la pâte avec des noix et un peu de massepain ; on fait avec ce mélange des boulettes comme de petits grains de vesces ; on les présente une à une au bout d'une brochette aux petits ; on en donne de suite trois ou quatre à chaque petit oiseau ; à l'autre bout du bâton, on a un peu de coton ; on le trempe dans de l'eau, et on le présente ensuite à l'oiseau. Lorsque les petits chardonnerets commencent à manger seuls, on leur donne du chènevis broyé avec de la graine de melon et de panis, et, quand ils sont forts, on leur donnera pour unique nourriture du chènevis.

Les meilleurs chardonnerets à élever sont ceux du mois d'août, ainsi que nous l'avons déjà observé, et principalement ceux qui se couvent dans les nids faits sur des pruniers et dans les broussailles, ou sur les orangers; on a observé que plus les chardonnerets sont niais étant jeunes, meilleurs ils sont pour élever en cage; si on met ces jeunes chardonnerets auprès d'un linot, d'un serin et d'une fauvette, leur chant se coupe par sa variété : il forme une espèce de petit chœur. Des chardonnerets élevés en cage y ont vécu jusqu'à vingt ans; cela dépend du bon soin qu'on en prend.

Le chardonneret est sujet à plusieurs maladies, surtout à l'épilepsie ou mal caduc, qui est la plus dangereuse. Quand elle prend à l'oiseau, il tombe, après avoir fait quelques mouvements précipités, tout étendu dans sa cage, les deux pattes en l'air, et les yeux renversés dans un triste néant; si on ne lui apporte un prompt et souverain secours, il rend le dernier soupir.

De tous les remèdes qu'on peut employer, il ne s'en trouve pas de plus sûr ni qui réussisse mieux que de le prendre et lui couper, avec de bons ciseaux, l'extrémité de ses ergots, surtout ceux qu'il a derrière; il en sort quelques gouttes de sang; on lui lave ensuite les pattes plusieurs fois dans du bon vin blanc tiède : si c'est en hiver, on lui en fait avaler aussi quelques gouttes, en y mettant un peu de sucre fondu; par le moyen de ce remède, l'oiseau malade, qui était comme agonisant, reprend de nouvelles forces et se retrouve, en peu d'heures, dans une santé aussi parfaite que celle dont il avait joui auparavant. Nous parlerons des autres maladies du chardonneret dans le chapitre qui traite des maladies des oiseaux en général.

LE BOUVREUIL

Le bouvreuil est un oiseau assez joli ; le mâle a la tête noire ; les tempes, la gorge, la poitrine et le ventre, rouges ; le cou et le dos, d'un bleu cendré ; la peau entière noire, bleuâtre en dessus ; le bec noir, très-gros, bossu des deux côtés ; les deux mandibules mobiles ainsi que la langue entière ; les narines larges, recouvertes de petites soies ; les ailes noires, avec une ligne transversale blanchâtre ; seize grandes plumes des ailes, noires, blanches vers le bord intérieur ; douze plumes à la queue, noires, sans taches ; les plumes de l'aile qui sont en recouvrement, noirâtres, mais blanches au bout, depuis la neuvième jusqu'à la seizième.

Quant à la femelle, elle a la tête noire jusqu'aux yeux ; sa gorge noire, ses ailes, noires aussi en dessous, sont blanches en dessus, comme aussi la queue ; le croupion blanc et la région des cuisses pareillement blanche ; le dos cendré, la base de sa queue blanche en dessus et en dessous ; le bec très-court, très-gros et couvert de tous côtés ; la langue ovale, charnue, divisée par filaments à son extrémité ; le dessus du corps, depuis les yeux jusqu'aux cuisses, cendré ; les grandes plumes des ailes et de la queue, noires, et celles qui recouvrent les grandes plumes postérieures des ailes et de la queue, blanches par le bout. En résumé :

La femelle diffère du mâle en ce que toute la portion du plumage qui est rouge dans le mâle est, dans la femelle, d'un brun tirant sur le vineux. Le mâle devient quelquefois en cage peu à peu d'un noir de charbon, comme les corbeaux. On prétend que c'est le chènevis, qu'on lui donne pour nourriture, qui lui occasionne ce changement de couleur ; cependant il l'aime beaucoup, et il le préfère même à toutes sortes de graines ; mais, quand il mue, il reprend sa première couleur rouge.

Le bouvreuil fait son nid dans les haies ; la femelle y dépose ordinairement quatre œufs : l'épine blanche est celui de tous les arbrisseaux qu'elle choisit par préférence pour y construire son nid ; cependant on en a rencontré sur un frêne dans un bois taillis. Cet oiseau se nourrit à la campagne de vers, de chènevis et de quelques baies ; au printemps, il fait un grand tort aux arbres fruitiers, surtout aux pommiers et aux poiriers ; il mange le bourgeon des rejetons que ces arbres poussent.

Si on veut élever les petits pris dans le nid, on les nourrira avec du cœur et on leur donnera aussi quelquefois des vers et de la pâte, comme au rossignol. Lorsqu'ils seront un peu grands, ou pour mieux dire, entièrement élevés, on pourra leur donner du chènevis et des baies de sureau aquatique, autrement obvier.

Quand on le prend grand, si on veut l'habituer à manger, il faut lui donner tant de nourriture, qu'il marche dessus, sans quoi il se laisserait mourir faute de manger; d'ailleurs c'est l'oiseau le plus facile à apprivoiser. Il fait des petits et les élève dans des volières à la maison. On l'apparie quelquefois avec une serine; mais, pour bien réussir, il faut laisser écouler une année entière avant de le laisser approcher de la serine. Il ne faut pas même le laisser manger avec elle dans le même vaisseau; c'est là la vraie manière de les habituer l'un avec l'autre.

Cet oiseau apprend les airs de flageolet, à contrefaire tout ce que l'on veut, même la voix de plusieurs oiseaux ; on en a vu qui ont appris à parler : la femelle ne chante pas moins que le mâle, ce qui est singulier.

La durée de la vie de cet oiseau est d'environ cinq à six ans.

BOUVREUIL A GORGE BLANCHE DU BRÉSIL.

Ces petits bouvreuils ont le bec jaune, la tête et le collier noirs, la gorge et le ventre blancs, il se reproduisent assez facilement lorsqu'ils sont bien soignés.

Il faut mettre à leur disposition des bouts de laine, de ficelle, de chiendent ; ils font leur nid en forme de boule, et y ménagent, pour l'entrée, un petit trou qu'ils masquent par de nombreux filaments qui en dérobent la vue, ils les rajustent soigneusement s'ils les ont dérangés. Ils n'aiment pas à être vus et s'ils s'aperçoivent qu'on les examine, ils sont inquiets, et si on y revient à plusieurs fois, ils abandonnent tout, même lorsqu'ils ont des petits.

Pour nourriture : millet, alpiste, chènevis et mouron, et pour les petits : mie de pain, jaune d'œuf, cœur haché, œufs de fourmis.

Les divers bouvreuils du Brésil, ainsi que ceux des Antilles exigent les mêmes soins et la même nourriture.

LA FAUVETTE

La fauvette est un oiseau fameux par les doux accents de sa voix mélodieuse; elle fait partie du genre des becfigues ; les naturalistes en décrivent douze espèces; celle qu'on élève communément est la fauvette à tête noire, parce que c'est celle qui chante le mieux ; elle est un peu moins grosse que le moineau franc ; le dessus de sa tête est noir, et son bec brun ; le haut du cou, le dos et le croupion sont d'un gris brun tirant sur l'olivâtre ; le reste du cou, les joues, la gorge, la poitrine, les jambes et les côtés sont gris ; le ventre est gris blanc ; l'aile est variée de gris brun, de brun olivâtre et de blanchâtre; sa queue est un peu fourchue; elle est composée de douze plumes, variée de cendré brun et de brun olivâtre ; ses pieds sont de couleur de plomb et ses ongles verdâtres.

La femelle diffère du mâle en ce qu'elle a le dessus de la tête couleur marron. Il y a une variété de fauvettes à tête noire dont tout le corps est tacheté de noir et de blanc ; cette espèce fait son nid deux fois l'année, vers le mois de mai et à la fin d'août ; elle le construit ordinairement dans les arbrisseaux, ou dans des touffes de lierre ou de laurier, suivant le pays et la saison ; elle emploie, pour le faire, des racines d'herbes très-délicates ou bien des écorces de vigne, selon les lieux ; elle y pond au moins cinq œufs ; pendant le printemps, elle est presque toujours auprès du buisson où elle a placé son nid. Quand on veut élever ses petits pour les mettre en cage, on les tire du nid six ou huit jours après leur naissance.

On les nourrit avec une pâte préparée avec du chènevis écrasé, du persil haché et de la mie de pain bien arrosée, ou bien on leur donne la même nourriture qu'on a coutume de donner aux petits rossignols (Voyez le chapitre du rossignol). Quand les petits sont devenus grands, et qu'ils sont propres à être mis en volière, on peut leur donner indistinctement toutes sortes de grains ; ils sont surtout friands de chènevis.

La fauvette, qui est prise niaise, apprend tout ce qu'on lui enseigne ; elle vit ordinairement en cage six à sept ans, si on en a soin ; il faut la tenir pendant l'hiver un peu chaudement, pour la garantir des maladies auxquelles elle pourrait être sujette. La fauvette généralement aime la campagne, les lieux aquatiques, et se nourrit de mouches et de vers. On peut dire que cet oiseau a beaucoup d'industrie ; la cage où on le tient doit être couverte de manière qu'il n'y puisse entrer de l'air que par la porte.

La fauvette brune s'élève encore en cage, et y chante comme aux bords des ruisseaux, qui sont les endroits où elle se plaît davantage. Elle fait son nid sur les arbres des grands chemins, et les compose très-artistement de crins de cheval. Ses œufs sont communément cendrés, avec des taches de couleur de feu. Cette fauvette est presque semblable au rossignol, quoique néanmoins plus petite ; elle se retire ordinairement dans le creux des arbres. La femelle diffère du mâle par le sommet de sa tête, qui est tannée.

La femelle à tête rousse pond quantité d'œufs ; elle fait son nid dans des masures, dans des buissons et derrière les murailles ; elle se retire dans les chènevières, où elle chante continuellement ; elle se nourrit de vers qu'elle cherche autour des buissons et des arbrisseaux. La gorge, la poitrine et le ventre de cette espèce de fauvette sont d'un bleu tirant sur le jaune ; le reste est bleuâtre ; le bec est jaune et longuet, la tête plate, la queue courte et jaunâtre par-dessous ; le dessus est de couleur de rouille ; les environs des cuisses sont noirâtres, les pieds sont longs, déliés et d'un jaune pâle, les ongles sont noirs ; le plumage du mâle est plus rougeâtre.

La fauvette ordinaire approche du moineau franc pour la grosseur ; le dessus du corps est gris brun ; le dessous d'un blanc mêlé d'une légère teinte de roussâtre. La fauvette de haie ou la passe-base est variée en dessus de noirâtre et de roux, et en dessous d'un cendré blanc ou couleur de plomb ; ses œufs sont d'un bleu pâle, au nombre de six.

La fauvette qui a été en état de liberté et que l'on chasse est aussi bonne que l'ortolan, surtout si elle s'est nourrie de figues, de raisins et d'autres aliments meilleurs que les grains de sureau. Sa chair se mange rôtie.

LE LINOT

Le linot commun est un petit oiseau gros comme un moineau, qui a la tête couverte d'un plumage cendré noir ; son dos est mêlé de noir et de roux ; sa poitrine est blanche ; son bas-ventre, près le croupion, tire sur le blond jaunâtre ; le haut de sa gorge est d'un beau rouge, et le bord des ailes est roux ; leurs grandes plumes sont noirâtres et blanchâtres par les côtés et à leurs extrémités, ainsi que la queue ; la couleur de ses pieds est d'un brun obscur. On élève cet oiseau en cage et on le nourrit avec du millet et de la navette ; il chante très-bien, et il apprend avec facilité des airs de serinette.

Le linot gris, ou petit linot, a ses plumes beaucoup moins roussâtres que celles du précédent ; c'est ce qui en constitue la différence ; d'ailleurs il commence à nicher dès le mois de mars, c'est-à-dire un mois avant l'autre.

Le grand linot des vignes est un peu moins grand que le linot ordinaire; le plumage de sa poitrine et du dessus de sa tête est rougeâtre ; aussi l'appelle-t-on linot rouge.

Le petit linot des vignes a le bec moins gros et plus aigu : la femelle, de même que le mâle, est rouge au-dessus de la tête et ses pieds sont plus noirs. Cette dernière espèce de linot vole en troupe, ce que ne font pas les autres linots ; la région de la base du bec de ces oiseaux et la base de leur gosier sont d'un rouge charmant ; plusieurs ont les bords de leurs plumes jaunâtres ; ses pieds sont très-courts et faibles ; son bec est noir, petit, propre néanmoins à rompre de menus grains ; il s'accroche et se tient volontiers suspendu aux branches des arbres et des plantes.

Ces oiseaux sont communs en France ; ils chantent très-bien tout de suite et ils s'apprivoisent très-aisément. Ils font leur séjour dans les plaines et sur les collines ; ils font leurs nids dans les buissons d'épines noires, d'aubépine ou dans ceux de genêt. Ces nids sont fort propres ; ils imitent ceux du pinson ou du chardonneret ; ils sont rembourrés de laine. Ces oiseaux y déposent cinq ou six œufs d'un blanc de lait, semé de taches rouge-brun ; ils en font un second pour leur autre nichée ; car ils pondent deux fois pendant l'été ; et, quand on vient à détruire leur nid, ils le rétablissent souvent jusqu'à trois fois. Le linot gris pond dès le mois de mars ; mais le commun ne pond guère qu'en avril.

On ne nourrit les linots en cage que quand ils ont été pris tout jeunes dans le nid ; ils apprennent alors à siffler beaucoup plus facilement. On les instruit le soir à la lumière avec un flageolet ou avec une serinette ; ils apprennent d'autant mieux qu'on est attentif à leur siffler des airs doux et agréables qui approchent même de la parole. Il n'y a que les mâles qui puissent siffler.

Lorsqu'on élève avec soin les linots pris dans leur nid, c'est-à-dire en leur donnant de bons aliments et les tenant dans un endroit chaud, on peut dire qu'ils deviennent très-jolis. On variera leur nourriture : on leur donnera, par exemple, à manger du panis, de la semence de melon mondée, et pilée conjointement avec le panis ou avec un peu de pâte de massepain ; on leur présente quelquefois cette nourriture à la main, et on les rend privés; on les maintient ainsi en santé. De toutes les graines qu'on peut leur donner, on peut dire que le panis est la plus saine.

Le linot rouge s'apparie très-bien avec la femelle du serin, et la raison, c'est qu'elle nourrit ses petits en dégorgeant.

La vraie nourriture du linot en cage est de la navette, et quelquefois du millet et de l'alpiste, et non de la farine d'avoine. Les linots vivent ordinairement cinq ou six ans. On peut habituer ces oiseaux, aussi bien que le chardonneret, à tirer avec des petits seaux leur manger.

Les linots muent sur la fin de juillet; ils perdent alors leurs plumes, ce qui les rend si malades, que cela les empêche le plus souvent de chanter : ils sont aussi sujets à une autre maladie qui leur roidit les plumes, et pendant laquelle ils demeurent tristes et sont pareillement sans siffler. On nomme cette maladie, subtile. Leur ventre devient alors dur ; leurs veines sont grosses et rouges ; leur poitrine est tuméfiée ; leurs pieds sont enflés, galeux et ne peuvent qu'à peine les supporter. Pour les préserver de cette maladie, il faut, dit-on, mettre dans leur cage un morceau de craie : cela les soulage aussi de la constipation, à laquelle ils sont sujets. Ils souffrent encore beaucoup de l'asthme; c'est ce qui est cause qu'ils frappent souvent du bec avec colère. On leur met, dans ce cas, un peu de miel dans leur abreuvoir, et on met dans leur cage un peu de chicorée sauvage, qui soit tendre et pilée avec de l'épine-vinette, ou du chou, si c'est pendant l'hiver. Rien n'est meilleur, pour rendre les linots sains et alertes, que de leur donner des groseilles rouges.

LE ROITELET

On range parmi les plus petits oiseaux d'Europe le roitelet ; il a dix centimètres de longueur, depuis le bout du bec jusqu'à celui de la queue ; les parties supérieures de la tête et du cou, le dos, les plumes scapulaires et le croupion, sont d'un brun tirant un peu sur le roux ; les couvertures du dessus de la queue sont de la même couleur ; cependant elles approchent un peu plus du roux, elles sont même rayées de petites lignes transversales brunes qui paraissent fort peu ; ses joues sont tachetées de blanc sale et de roussâtre. On remarque de chaque côté de sa tête une petite bande de la même couleur ; cette bande s'étend au-dessus de l'œil ; sa gorge, la partie inférieure du cou et la poitrine sont d'un blanc sale et roussâtre ; le ventre, le côté, les jambes et les couvertures du dessous de la queue sont d'un brun tirant un peu sur le roussâtre, et rayé transversalement de petites lignes brunes; les plumes du ventre et les couvertures du dessous de la queue sont de plus terminées d'un peu de blanchâtre; les couvertures du dessous des ailes sont d'un blanc sale; celles du dessus sont de la même couleur que le dos; elles sont en outre rayées tranversalement de brun; les moyennes sont terminées par une petite tache ronde et blanchâtre; les plumes des ailes sont cendrées en dessous; elles sont brunes au-dessus du côté intérieur, et du côté extérieur elles sont d'un beau roux, rayé transversalement de petites lignes brunes. Ce brun roux s'éclaircit beaucoup et devient presque blanchâtre sur les grandes plumes.

Le roitelet a très-souvent sa queue relevée; l'iris de ses yeux est d'une couleur de noisette; le dedans de sa bouche est jaune, la mandibule supérieure est noirâtre et l'inférieure est brune; les pieds et les ongles sont d'un gris brun.

Les ornithologistes distinguent deux autres espèces de roitelets, outre celui que nous venons de décrire : le roitelet huppé et le non huppé. Le roitelet huppé est encore plus petit que le commun; il a neuf centimètres de longueur depuis le bout du bec jusqu'à celui de la queue. Le sommet de sa tête est d'un bel orangé; il est bordé de chaque côté d'une bande noire qui part de la base du bec, et qui s'étend jusque vers l'occiput. Le derrière de la tête, la partie supérieure du cou, le dos, le croupion, les plumes scapulaires et les couvertures du dessus de la queue sont d'un olivâtre tirant un peu sur le jaune; cependant les plumes qui couvrent le croupion sont rayées d'une bande transversale d'un blanc sale, quoique cette couleur paraisse fort peu; les petites plumes qui couvrent la base du bec, les joues, la gorge, la partie inférieure du cou, la poitrine, le ventre, les côtés, les jambes et les couvertures du dessous de la queue, sont d'un gris roussâtre; mais cette couleur prend une teinte olivâtre sur les côtés; les couvertures du dessous des ailes sont d'un blanc mêlé d'une très-légère teinte de jaune; les plus petites du dessus ont la même couleur que celles du dos; les grandes les plus près du corps et les moyennes sont d'une couleur gris brun; à l'extérieur elles sont bordées d'olivâtre, et elles se terminent par une couleur blanchâtre, d'où ressortent sur chaque aile deux bandes transversales de cette couleur; la couleur des grandes, qui sont les plus éloignées du corps, est d'un gris brun, et leur bord extérieur est olivâtre.

En général, les grandes plumes de l'aile sont d'un gris brun bordées extérieurement de blanc, et, si on en excepte les deux premières, elles ont toutes leur bord extérieur d'un olive jaunâtre: les plumes moyennes de ces mêmes ailes sont blanches à leur origine, mais tout le reste de ces plumes est d'un gris brun bordé à l'extérieur d'olive jaunâtre, et de blanc à l'intérieur. Il y a néanmoins plusieurs de ces plumes, notamment depuis la septième jusqu'à la quatorzième exclusivement, qui se trouvent bordées à l'extérieur de noirâtre vers le tiers de leur longueur. La première de ces différentes plumes est très-courte; la troisième et la quatrième sont les plus longues. La queue de cet oiseau est formée par douze plumes qui sont toutes d'un gris brun, mais bordées à l'extérieur d'olivâtre; les latérales sont bordées de blanc à l'intérieur; l'iris des yeux de cet oiseau est d'une couleur de noisette; son bec est noir, ses pieds et ses ongles sont jaunâtres.

La femelle diffère du mâle en ce que le sommet de la tête est uniquement jaune sans être orangé et son dos ne tire pas sur le jaune. Le roitelet huppé se perche ordinairement sur les plus grands arbres, notamment sur les chênes.

Quant au roitelet non huppé, il est à peu de chose près de la même grosseur que le roitelet ordinaire. Les parties supérieures de la tête et du cou, le dos et le croupion, sont d'un olive clair, de même que les plumes scapulaires; la gorge, la partie inférieure du cou, la poitrine, le ventre, les côtés, les jambes, les couvertures du dessus de la queue et celles du dessous des ailes sont jaunâtres ; de chaque côté de la tête règne une bande longitudinale de la même couleur, et elle tire sa naissance du bec, et passe par-dessus les yeux. Les petites couvertures du dessus des ailes sont d'un olive clair, les grandes sont d'un cendré brun et bordées d'olive clair ; les plumes sont aussi d'un cendré brun, bordé à l'extérieur d'un olive clair et de blanc à l'intérieur. Douze plumes forment la queue de cet oiseau, et les plumes sont d'un cendré brun, bordées seulement à l'extérieur d'un olive clair ; celles du milieu sont plus courtes que les latérales, aussi la queue est un peu fourchue ; son bec et ses ongles sont bruns et ses pieds sont jaunâtres. Ce qui constitue la différence de la femelle d'avec le mâle, dans cette espèce, c'est que le dessus de son corps est d'un olive un peu moins clair, que le bas de son ventre est blanc et ses pieds noirâtres. Sa ponte est de cinq œufs à chaque couvée, et les œufs sont blancs, parsemés de taches noires. Cet oiseau habite les forêts et se nourrit d'insectes.

Après avoir décrit les trois espèces de roitelets, nous allons entrer dans quelques détails à leur sujet. Le roitelet commun, qui est le premier d'entre eux, a cela de particulier, qu'il tient presque toujours la queue redressée. Il construit son nid avec de la mousse et lui donne la figure d'un œuf dressé sur un de ses bouts ; il place l'entrée dans un de ses côtés. Il se glisse dans les broussailles ou buissons. Quand l'automne est sur sa fin, et lorsque l'hiver commence, il sort ordinairement ; il va chercher dans les murailles des vers et des araignées ; il se montre surtout et se fait entendre quelque temps après qu'il a neigé ; lorsqu'il chante, il le fait si fortement et si agréablement, qu'on désirerait toujours l'entendre, mais principalement dans le mois de mai, qui est le temps qu'il a coutume de faire ses petits ; sa ponte est de cinq ou six œufs, et quelquefois il recommence en août ; il vit ordinairement trois ou quatre ans : cet oiseau peut vivre pendant quelque temps dans une chambre, mais à la fin il disparaît sans qu'on puisse savoir comment.

Le roitelet, quand il est à terre, va toujours en sautillant, et est extraordinairement vif; il est même d'un naturel si pétulant, qu'il court continuellement de côté et d'autre, sans le voir jamais retourner au même endroit, à moins qu'il n'y ait son nid.

Comme le roitelet siffle si fortement qu'à peine peut-on concevoir comment une pareille voix peut sortir d'un corps aussi petit, Olina, ornithologiste italien, conseille d'en élever pour siffler dans les maisons; mais, pour le faire, il faut les prendre dans leurs nids.

La cage qui convient pour l'élever doit être de fil de fer, et munie d'une espèce d'auget à peu près semblable à ceux dont on se sert pour lui donner à manger. Cet auget sera doublé d'étoffe et bien fermé tout autour, excepté du dedans de la cage par où il peut entrer, au moyen d'un petit trou rond capable seulement de le contenir. Vis-à-vis cet auget, il doit y en avoir trois autres réunis ensemble; celui qui est à droite sera destiné pour y mettre du cœur de mouton haché; celui qui est à gauche contiendra la même pâte que l'on donne aux rossignols, et celui du milieu, qui sera un peu plus large, servira d'abreuvoir; il sera toujours plein d'eau, et même en assez grande quantité pour que l'oiseau puisse s'y baigner. On est encore souvent dans l'usage d'attacher à un des côtés de la cage une espèce de petit flacon semblable à ceux d'eau de senteur; il sera fait de paille et sans cou, pour que l'oiseau puisse y entrer; il s'y repose très-bien, et même plus volontiers qu'ailleurs, d'autant que l'on donne à ce réceptacle une forme semblable à celle de son nid, du moins en partie.

On observera ponctuellement, pour élever le roitelet, la même méthode qui a été indiquée pour le rossignol, on veillera surtout à ce que, pendant ce temps, il ne mange trop de mouches, parce qu'elles pourraient le constiper; cependant sa nourriture de campagne n'est autre chose que de ces mêmes mouches, des moucherons, des fourmis, des vers, des araignées et d'autres choses semblables ; mais la domesticité change en quelque façon leur nature. Cependant on peut dire qu'en général ces oiseaux sont fort difficiles à élever en cage lorsqu'ils sont petits ; mais, quand ils sont une fois élevés, ils s'apprivoisent si bien, qu'on peut les laisser sortir de leur cage sans crainte qu'ils s'en aillent ni qu'ils ne discontinuent de chanter. Le caractère du roitelet, c'est d'aimer la solitude. Il se tient toujours seul ; aussi, s'il se trouve avec un de ses semblables, principalement si c'est un mâle, il se bat avec lui jusqu'à ce qu'il l'ait vaincu ou qu'il en soit vaincu.

Le nid du roitelet commun est de mousse en dehors, de plumes et de crins en dedans.

Le roitelet non huppé chante près de trois semaines avant le roitelet franc, et il est le dernier à nous quitter aux approches de l'hiver ; il est tellement attaché à son nid, qu'il ne l'abandonne qu'avec peine ; ce nid est fait de mousse et de paille, et garni en dedans de poils et de plumes.

LE MOINEAU FRANC ET LE FRIQUET

Le moineau est un oiseau très-commun; il a seize centimètres de longueur, depuis la pointe du bec jusqu'au bout de la queue; son bec est un peu gros, noir dans le mâle, brun dans la femelle; ses ongles sont noirs; la dernière jointure du doigt extérieur est jointe à celle du milieu; sa tête est d'un brun cendré, sa gorge est noire; on remarque deux petites taches blanches de chaque côté au-dessous des yeux, de même qu'une large d'un bai brun qui prend depuis les yeux; les petites plumes qui couvrent ses oreilles sont cendrées; sa gorge est d'un blanc cendré, il y a une grande tache blanche des deux côtés, au-dessus des oreilles; son ventre et sa poitrine sont blancs, les plumes qui séparent le dos et le cou, rousses au côté extérieur du tuyau, et noires au côté intérieur ; mais, vers le fond, le roux est terminé par quelque chose de blanc ; le reste du dos et le croupion sont de la même couleur, mêlés en quelque sorte de vert, de brun et de cendré ; il a dix-huit grandes plumes à chaque aile, brunes à bords roussâtres ; une large ligne blanche s'étend depuis l'aile bâtarde jusqu'à l'articulation la plus près ; les plumes qui recouvrent l'aile au-dessous de cette ligne sont d'un bai brun, noires au milieu inférieurement, rousses aux bords extérieurs ; toutes les plumes de la queue sont d'un brun noirâtre, à bords roussâtres, surtout postérieurement ; le moineau est fort lascif.

Le plumage du friquet ne diffère guère de celui du moineau franc, et ce qui les fait souvent confondre, c'est qu'avec le même plumage sur les parties supérieures du corps et les ailes, ils ont tous deux la gorge noire ; mais, avec un peu d'attention, il est aisé de distinguer le friquet d'avec le moineau franc, dont le dessus de la tête et les joues sont cendrés, tandis que le sommet de la tête est d'un rouge bai dans le friquet, et que les joues sont blanches marquées de noir.

Le moineau se nourrit de grains, comme froment, orge, etc. ; il fait de grands dégâts parmi les moissons et dans les grains, et même dans les semailles ; il mange généralement les grains et graines de presque tout ce qui est destiné annuellement à nos récoltes ; il becquète aussi divers fruits sur les arbres.

Le moineau fait son nid trois fois l'année ; lorsqu'il est encore jeune, on peut lui apprendre le cri de quelques oiseaux et quelque chose du chant de ceux qui sont auprès de lui ; son cri est importun ; il le fait entendre depuis le commencement du printemps jusque dans le plus grand froid de l'hiver ; on peut dire que cet oiseau crie d'une manière particulière.

Lorsque plusieurs mâles poursuivent une femelle, elle se

défend à grands coups de bec, de sorte que souvent ils tombent par terre tout à coup, ce qui fait que les chats en font plus aisément leur proie ; ils sont d'ailleurs toujours inappariés, mâle et femelle, et, en effet, dès que la femelle a souffert l'accouplement de son mâle, elle ne le souffre plus.

Les cris des moineaux ne sont pas toujours les mêmes, ils varient, quand ils s'accouplent pour pondre, quand ils avertissent leurs petits de ne pas se faire entendre, quand ils voient près d'eux un ennemi, quand ils volent par compagnie, quand ils marquent leur colère l'un contre l'autre, ou quand ils sentent de la douleur. On peut dire que de tous les oiseaux les moineaux sont les plus rusés ; ils remarquent bientôt tous les piéges qu'on leur tend.

Le friquet habite ordinairement les plaines où il y a des buissons bas, des broussailles et des jeunes plantes sauvages sur lesquelles il puisse facilement se poser. Il se tient, comme les alouettes, le plus souvent près des grands chemins ; cependant, quand il voit des passants peu éloignés de lui, il prend son vol en tournant çà et là ; il s'en va, mais sans beaucoup s'éloigner. Tandis qu'il se tient perché, il se démène continuellement en redressant et abaissant sa queue, et faisant un cri presque semblable à celui de la pie-grièche de la petite espèce. Il couve dans les broussailles les plus épaisses, et quelquefois dans les trous de levée ou de fossé, ou à l'abri de quelque motte de terre.

Dans sa manière de vivre, il n'est pas fort différent des chardonnerets. Il se nourrit comme eux de diverses semences, entre autres de celle de chardons, sur lesquels on le voit souvent posé.

Quand les moineaux marchent, ils ne font que sautiller ; ils s'emparent quelquefois des nids d'hirondelles à cul blanc pour y faire leurs couvées ; ils en font deux ou trois dans une année. Ils vivent neuf à dix ans ; quand ils sont jeunes, on les apprivoise fort aisément ; ils deviennent alors très-amusants ; on est dans l'usage de mettre contre les maisons des pots, qu'on nomme pots à passe, pour que les moineaux puissent y faire leurs nids.

Outre les dégâts dont nous avons parlé, les moineaux en font aux mouches à miel, surtout dans le temps qu'ils ont des petits ; ils ne causent pas moins de ravage dans les colombiers : ils tuent les pigeonneaux, en leur crevant le gésier avec leur bec pour manger le grain qui est dedans. En Beauce, ils font ordinairement leurs nids dans des puits ; on trouve quelquefois, mais rarement, des moineaux tout blancs.

Si le moineau semble né pour nous causer de l'ennui et du dommage, il a la louable qualité d'aimer passionnément ceux de son espèce. Et, en effet, il élève non-seulement ses petits avec beaucoup de soin, mais encore, lorsqu'il découvre quelque amas de grains, il invite à grands cris ses compagnons à en manger avec lui. Cet oiseau pond pour chaque couvée, dans un nid fait d'herbe sèche et de plumes, quatre œufs à coques très-minces, de couleur cendrée, piquetée çà et là d'une détrempe d'encre et de laque.

Les moineaux mangent de tout, ils se nourrissent de mouches, papillons, guêpes, abeilles, bourdons, araignées, fourmis, grillons scarabées, vers, grains, fruits et légumes, et quand les gens de la campagne veulent les éloigner de leurs champs et leur faire peur, ils ont l'habitude de planter debout des hommes de paille habillés de haillons ; ils volent ordinairement assez bas, mais cependant leur vol est tel, qu'il n'y a presque point de chasseurs qui en puissent tuer à coups de fusil.

L'ALOUETTE COMMUNE

L'alouette est un genre d'oiseaux dont il y a plusieurs espèces ; la première espèce est l'alouette ordinaire ou commune ; cette espèce n'est guère plus grande que le moineau, mais son corps est plus long ; elle a seize centimètres de longueur, depuis le bout du bec jusqu'au bout des ongles ou de la queue. Sa mandibule supérieure est noire, quelquefois de couleur de corne, et l'inférieure presque blanchâtre ; la langue est peu large, dense et fourchue, les narines rondes. La tête de couleur cendrée, tirant sur le roux, dont le milieu des plumes est vert ; quelquefois l'oiseau les redresse en manière de crête ; le derrière de la tête teint d'une couleur grisâtre, qui va d'un œil à l'autre, plus sale cependant et moins apparente que dans l'alouette des bois. Le dos de la même couleur que la tête, le menton blanchâtre, la gorge

L'ALOUETTE DES BOIS.

jaunâtre, avec des taches brunes, et les côtés roux jaunâtre ; dix-huit grandes plumes à chaque aile, dont les quatre ou cinq premières sont blanchâtres par les bords, les autres roussâtres, et les plus près du corps grisâtres ; celles qui sont entre la sixième et la dix-septième ont les pointes mousses, crénelées, blanchâtres ; les bords des petites plumes des ailes d'un roux cendré. La queue longue de huit centimètres, composée de douze plumes, dont la dernière de chaque côté est blanche, tant dans sa moitié supérieure qu'aux barbes inférieures le long des tuyaux ; les plus près de celles-ci ont seulement le côté inférieur blanc et l'extérieur vert ; les trois suivantes sont noires, les deux du milieu ont les pointes aiguës, celles du dessous sont toutes grisâtres par le bout, au lieu que celles de dessus sont grisâtres vers l'extrémité et noirâtres vers le fond ; les jambes et les doigts bruns ; les ongles noirs, à l'exception de leurs extrémités, qui sont blanchâtres ; le doigt extérieur joint par le bas à celui du milieu.

On distingue le mâle de la femelle par son plumage plus brun, par une espèce de collier noir, par plus de blanc à la queue, et surtout par la longueur de l'éperon ou de l'ongle de derrière, qui passe le genou. Cet éperon s'allonge avec l'âge.

L'alouette est très-répandue et se trouve dans toutes les contrées de l'Europe. Son chant, que tout le monde connaît, est très-agréable ; elle commence à se faire entendre dès les premiers beaux jours de la fin de l'hiver ou du commencement du printemps ; elle chante pendant toute la belle saison, mais particulièrement le matin et le soir, plus rarement dans le milieu de la journée.

Elle s'élève en commençant à chanter, et monte tout droit en frappant l'air ; plus elle s'élève, plus elle force sa voix ; elle est si forte, qu'on l'entend très-bien, quoique l'alouette soit montée si haut dans les airs qu'on la distingue à peine à la vue. Elle baisse la voix à mesure qu'elle descend, et se tait en se posant à terre, où elle se tient sur les champs labourés et parmi les chaumes ; elle ne se perche jamais, et elle n'habite que les plaines ; elle aime à se rouler dans la poussière ou le sable léger.

L'alouette fait son nid à terre, le cache avec soin en le plaçant sur des terres couvertes et entre des mottes qui en dérobent la vue ; elle le compose de racines et d'herbes sèches ; elle pond quatre ou cinq œufs tachetés de brun sur un fond grisâtre ; elle ne couve que quatorze ou quinze jours, et au bout d'à peu près autant de temps ses petits sont en état de se passer de ses soins.

Elle fait deux pontes, quelquefois trois : la première au

commencement de mai ; la seconde en juillet, et la dernière au mois d'août.

L'alouette donne la becquée à ses petits ; les premiers aliments qu'ils prennent eux-mêmes sont de petits vers, des

L'ALOUETTE DES PRÉS.

chrysalides ou œufs de fourmis et différents insectes. Sa nourriture ordinaire, quand elle a acquis sa grandeur, consiste en différentes graines et en pousses de différentes herbes. On nourrit en cage les petits avec une pâte composée de chènevis écrasé, de mie de pain et de cœur de bœuf haché. On la rend meilleure si on y ajoute du pain de pavot, dont on râpe une certaine quantité pour le mêler à la pâtée ; l'alouette s'accoutume ensuite à vivre de grains, et principalement de froment. On l'élève et on la nourrit en volière à cause de l'agrément de son chant ; elle s'apprivoise aisément, et peut même devenir familière jusqu'à la faire tenir sur la main nue, ou bien même la faire promener sur la table et manger au plat ; on peut même varier son chant, et lui apprendre en peu de temps à siffler des airs qu'elle répète plus complétement et avec plus d'agrément que les autres oiseaux auxquels on donne aussi la même éducation.

Il y a diverses variétés dans le plumage des alouettes ; il y en a de blanches, de noires, etc., et plusieurs oiseaux qui se rapprochent d'elle que l'on nomme la farlouse ou l'alouette des prés, l'alouette pipi, la calandre ou la grosse alouette huppée et le cochevis.

L'alouette des prés n'a de l'alouette que le vol et la conformation des ailes, et le doigt postérieur peu recourbé, mais beaucoup plus court. Cette alouette a le chant très-agréable et si doux, que deux de ces oiseaux n'affecteraient point les organes sensibles d'un malade. Elle est aussi élégamment découplée, et son allure est jolie.

Cet oiseau se perche comme les autres oiseaux ; il vient en avril comme le rossignol, et fait son nid à terre dans les prés, près des arbres qui bordent les endroits marécageux, y fait trois ou quatre œufs, et s'en va au mois d'août ou septembre.

L'alouette pipi est appelée ainsi à cause de son cri. On compare aussi le cri de cette alouette, du moins son cri d'hiver, à celui d'une sauterelle ; mais il est un peu plus perçant ; l'oiseau le fait entendre, soit en s'élevant de terre, où il court très-légèrement, ou en se perchant sur les branches les plus élevées des arbrisseaux et des buissons ; quoique cette alouette ait l'ongle de derrière fort long, elle se perche sur les petites branches.

Lorsqu'au printemps le mâle pipi ramage sur les branches, c'est avec action : il se redresse, il épanouit ses ailes et entr'ouvre son bec, tout annonce que c'est un chant d'amour ; de sa branche, il s'élève dans les airs, il y plane et retombe en chantant et pour ainsi dire à la même place.

Cet oiseau chante agréablement, son ramage est simple, mais il est doux, harmonieux et nettement prononcé.

L'alouette pipi, de concert avec sa femelle, fait son nid

sans prétention, et le cache sous le gazon; aussi arrive-t-il souvent que les œufs et les petits sont la proie des serpents. La ponte est communément de cinq œufs, d'un blanc verdâtre, marqué de brun sur le gros bout. Ce petit oiseau est

L'ALOUETTE PIPI.

fort délicat; on peut en juger par sa grosseur et par son bec; aussi ne vit-il que d'insectes mous et de petites graines tendres. La durée de sa vie est de cinq à six ans.

La calandre ou grosse alouette est un oiseau plus grand que l'alouette; il a aussi le bec plus fort; il lui ressemble par l'ensemble et par les détails; il a les mêmes mœurs et la même voix sinon qu'elle a plus d'étendue.

La calandre a la voix si agréable, qu'en Italie on dit d'une personne qui a une belle voix et de la justesse, qu'elle chante comme une calandre. De même que l'alouette, elle joint à ce talent naturel celui de contrefaire tous les sons analogues à ses organes.

Pour avoir des calandres qui chantent bien, il faut les élever dans le nid en préférant la couvée du mois d'août. On leur donnera pour première nourriture une pâtée composée de cœur de mouton et de graine de millet ; par gradation on augmentera la dose de la graine jusqu'à ce qu'elles soient fortes ; ensuite on ne leur donnera que de la graine mêlée avec de la mie de pain ; cela leur suffira jusqu'à ce qu'elles

LA CALANDRE.

mangent seules des graines de toute espèce. On aura soin que la cage soit couverte d'une toile, de la placer au grand air et d'y mettre du plâtras et du sablon, pour s'y aiguayer lorsqu'elles seront tourmentées par la vermine.

C'est à ces conditions qu'on élèvera les calandres, que sans cesse elles feront retentir les airs de leurs joyeux accents et de ceux des autres oiseaux qu'elles.

On distingue le mâle de la femelle en ce qu'il est plus gros, que son collier est plus noir. Cette espèce niche à terre sous une motte de gazon bien touffue ; le nid contient quatre ou cinq œufs.

Cet oiseau est assez commun en Provence, où on le

nomme coulassade, dans les Pyrénées et en Sardaigne.

Le cochevis ou la grosse alouette huppée a le bec plus long et l'ongle du doigt de derrière beaucoup plus petit que l'alouette. Il est moins commun qu'elle et a les mêmes facul-

LE COCHEVIS.

tés, les mêmes mœurs; enfin on l'élève avec les mêmes procédés. Ces oiseaux, qui ont tant de ressemblance, ne peuvent cependant vivre ensemble. Ils se battent avec une animosité qui terminerait bientôt la vie de l'un ou de l'autre, et peut-être de tous les deux à la fois, si l'on ne s'empressait de les séparer.

Le cochevis se tient sur les bords des chemins; on le voit assez fréquemment sur les murs de clôture, où il se laisse approcher de très-près, ce qui ferait croire qu'il ne fuit point la vue de l'homme.

Le cochevis place son nid à terre, sous les buissons desséchés, sous les légumes des jardins, sur les murs de clôture et même jusque sur les toitures de chaumes.

Ses œufs sont d'un gris-brun nuagés et tachetés au bout supérieur, ils sont au nombre de quatre ou cinq.

Le premier plumage des jeunes est blanc ; lorsqu'on veut les élever, il faut les prendre lorsque les plumes sont à demi poussées ; si l'on veut jouir de tous ses agréments, il faut qu'il soit élevé à la brochette, car, pris adulte, il conserve toujours un caractère sauvage ; mais lorsqu'on l'a élevé, il n'y a point d'oiseau plus familier, ni qui soit si attaché à celui qui en prend soin, on le tient dans une cage comme celle de l'alouette des champs où on le laisse courir.

Les plumes du cochevis croissent très-vite, de sorte que lorsqu'on tient à le garder avec les ailes rognées il faut recommencer l'opération tous les trois ou quatre semaines, sans cela il serait capable de prendre son vol.

Si on veut instruire cet oiseau, il faut l'éloigner de tout autre, et lui répéter soir et matin l'air ou les phrases qu'on veut lui apprendre, sans mélange d'aucun autre, et successivement jusqu'à quatre ou cinq airs : car, sans ces précautions, son chant ne serait qu'un composé bizarre et mal assorti de tout ce qu'il aurait entendu. Le cochevis peut être mis (et même au premier rang) parmi les oiseaux imitateurs, parce qu'il rend la leçon avec cette justesse, cette flexibilité de gosier et cette pureté d'organe propre à imiter tous les sons et même à les embellir.

LE ROUGE-GORGE

Le rouge-gorge est un petit oiseau très-reconnaissable par la couleur de sa poitrine, qui est d'un rouge orangé ; son dos est d'un cendré obscur, comme celui des grives ; son chant est presque aussi mélodieux que celui du rossignol ; mais son corps est beaucoup plus petit ; son bec est grêle, délié, noir et en alêne ; sa longue langue est fourchue ; son ventre est bleu ; ses jambes et ses pieds sont rougeâtres ; tout le reste tire sur le cendré un peu verdâtre ; une ligne d'un bleu pâle sépare la couleur rouge de la cendrée sur sa tête ; sa queue a six centimètres de longueur ; elle est toujours abaissée, et remue continuellement ; l'iris de ses yeux est de la couleur d'une noisette.

On reconnaît la femelle par la couleur du ventre, qui est moins vive que dans le mâle. Il a quatre doigts à chaque pied, trois devant et un derrière ; l'angle de celui-ci est courbé en arc ; on lui donne le nom de rossignol-d'automne, parce qu'il ne paraît qu'aux approches de l'hiver. Il paraît si ami de l'homme, et en même temps si familier avec lui, qu'il entre jusque dans les maisons pendant l'hiver pour y chercher sa nourriture, sans avoir peur des personnes qu'il y rencontre ; mais, pendant l'été, il est toujours seul dans les bois, dans les buissons et dans les lieux ensemencés ; il n'aime pas avoir d'autres oiseaux autour de lui ; lorsqu'il a une fois pris possession d'une place, il poursuit tous ceux de sa grosseur qui veulent y former leur séjour. Il est même passé en proverbe que deux rouges-gorges ne peuvent pas se trouver sur un même buisson ; que, quand on enferme dans une même cage avec lui d'autres oiseaux, il emploie toutes sortes de ruses pour les tourmenter ; il frappe ces oiseaux sur les ailes quand ils les lèvent, et sur la poitrine vis-à-vis du cœur ; il en tue même quelquefois, ou les rend malades s'ils sont encore jeunes : aussi tous les petits oiseaux le fuient dès qu'ils le voient.

Le chant du rouge-gorge est très-harmonieux ; il le fait entendre en automne et aux approches de l'hiver ; quand il chante perché sur le sommet d'un arbre, c'est signe de beau temps, disent les paysans ; et quand on l'entend chanter au pied d'une haie, c'est un indice de pluie.

La nourriture ordinaire de cet oiseau pendant l'été est tirée des insectes ; il en avale de toutes les espèces, tant volants que rampants ; il aime surtout les œufs de fourmis. En automne, quand les insectes ont disparu, on trouve ordinairement le rouge-gorge dans les buissons qui portent des petites baies et dans les jardins, où il est même très-facile de le prendre.

Dès que le froid commence à passer, la femelle va faire sa couvée dans des endroits déserts. Elle fait son nid en avril, mai et juin, parmi les épines et les arbrisseaux, en le couvrant de feuilles de chêne, et en y pratiquant, d'un côté seulement, une entrée disposée en voûte; quand elle en sort pour aller chercher sa pâture, elle bouche le passage avec des feuilles; quelquefois ce nid se trouve construit dans des creux d'arbres, avec de la mousse, de l'herbe fauchée et des menues broussailles; sa ponte est de quatre œufs au moins et de cinq au plus.

Quand on veut élever ces jeunes oiseaux pris dans le nid, il ne faut les en tirer que lorsqu'ils ont toutes leurs plumes; et quant à la nourriture qu'on leur donnera, ce sera la même que celle qu'on donne au rossignol, et on les traitera à peu près de même.

Pour les conserver en santé, on leur donnera quelquefois à manger des vermisseaux qui se trouvent sous le fumier, ou des vers de terre; ou, si c'est pendant l'été, des fleurs de genêt d'Espagne, ou des groseilles rouges, et même quelques figues; rien ne contribue tant à les rendre alertes. On peut aussi présenter pour nourriture à ces oiseaux, quand ils sont jeunes, des œufs de fourmis dont ils sont fort friands; et, à défaut de ces œufs, on leur donnera du cœur de bœuf coupé bien mince, qu'on mêlera avec un peu de graine de pavot blanc ou avec des vers de farine de froment, humectés d'un peu de lait.

Le rouge-gorge mis en cage peut vivre quatre ou cinq ans, et quelquefois même davantage, selon le soin qu'on en prend. Il est à observer que cet oiseau est également ennemi du chaud et du froid; c'est pourquoi il se retire pendant l'été dans les broussailles ou sur les montagnes couvertes de verdure et fraîches; mais en hiver il approche des endroits habités; on le voit alors dans les haies et les jardins, principalement dans les endroits où le soleil darde ses rayons; il se tient même perché sur les arbres qui y sont le plus exposés.

Une autre observation à faire, c'est que le rouge-gorge, qui hait la plupart des oiseaux, est très-ami du merle, dans la compagnie duquel il se trouve le plus souvent.

LE TARIN

Le tarin est un oiseau dont la tête est noire, le dessus du corps vert, et dont néanmoins les tuyaux des plumes noircissent au dos ; son croupion est d'un vert jaunâtre ; sa gorge et sa poitrine sont de la même couleur, mais un peu plus pâles ; son ventre est blanc ; ses plumes sont jaunâtres sous la queue, piquetées de taches brunes oblongues le long de la tige ; ses ailes sont marquées d'une plaque transversale jaune ; les deux plaques du milieu de la queue sont noires ; les autres sont plus de la moitié d'un très-beau jaune, avec des sommités noires.

On distingue le mâle de la femelle en ce qu'il a la tête plus noire, et le ventre, la poitrine et le croupion plus colorés ; les jeunes ont aussi les couleurs plus vives que les vieux ; c'est ce qui les différencie ; aussi ceux qui sont pris tout récemment se distinguent principalement par la beauté et la vivacité de leurs couleurs d'avec ceux qui sont en cage depuis longtemps. Cet oiseau est de passage : il arrive au mois d'octobre et s'en retourne au printemps ; il n'en reste pas dans nos campagnes.

Le chant du tarin est très-agréable, lorsqu'il est mêlé avec celui d'autres oiseaux; mais seul il ne satisfait pas, parce qu'il a une phrase assez courte, et qu'il répète souvent la même chose.

Cet oiseau a coutume de faire son nid, non-seulement à la campagne, mais encore dans les jardins, sur les arbres touffus, particulièrement sur les cyprès ; il le fabrique avec de la laine, du crin et de la plume. Sa ponte est de quatre à cinq œufs. Les tarins sont très-aisés à apprivoiser, on les habitue à revenir sur le poing, comme les éperviers, et à se tenir hors de leur cage. Pour y parvenir, on est longtemps sans leur donner à manger ; on les affame, pour ainsi dire, et on leur montre une noix cassée qu'on leur fait manger sur le poing, en tenant dans la même main un grelot, pour les habituer ainsi à retourner sur le poing à toute heure qu'on voudra au son du grelot ; on peut encore l'habituer, comme le chardonneret, à tirer en haut le vaisseau où il boit.

Il faut, quand on veut élever de jeunes tarins, ne les prendre dans leurs nids que lorsque leurs plumes sont bien poussées ; il est même à propos d'enlever tout à la fois le nid avec les petits ; et, quand on ne le fait pas, il faut en substituer un artificiel avec de la laine ou du foin ; on leur donnera pour aliment le même que celui qu'on donne aux jeunes chardonnerets. Quand ils seront forts, leur nourriture ordinaire sera du chènevis ou du panis. Cet oiseau vit quatre ou cinq ans.

LE COUCOU

Le coucou est un oiseau qui tire son nom de son chant, qui se fait entendre depuis le printemps jusqu'au mois d'octobre. On ne sait pas trop où il se retire lorsqu'il disparaît : il amasse quelquefois, à ce qu'on dit, jusqu'à un boisseau de blé dans le creux d'un arbre pour y passer l'hiver. Le coucou ordinaire du pays, lorsqu'il est jeune, a la tête et le dessus du cou et du dos couverts de plumes brunes bordées de roussâtre et de blanc ; celles de la partie inférieure du dos et du croupion sont cendrées et bordées de blanc par le bout ; la gorge et le bas du cou sont variés de bandes transversales alternativement blanches et brunes ; la poitrine, le ventre et quelques autres endroits moins apparents, sont d'un blanc sale, transversalement rayé de brun. Les dix premières plumes des ailes sont brunes, bordées de blanc par le bout, variées de quelques taches roussâtres à leur côté inférieur, et au côté opposé de taches transversales blanches, mêlées d'un peu de roux sur le bout qui tend vers la tige de la plume; toutes les autres plumes de l'aile sont brunes, variées de taches transversales, rousses sur les deux côtés et bordées de blanc par le bout.

La queue est composée de dix plumes noirâtres ; les huit du milieu sont terminées de blanc, et variées de petites taches blanches près leur tige et sur le bord intérieur, les deux du centre ont aussi quelques petites taches blanches à leur bord extérieur. La dernière de chaque côté est transversalement rayée de blanc : outre cela, les deux plumes du centre sont un peu plus longues que les autres, qui diminuent successivement de longueur ; l'iris des yeux est couleur de noisette ; les coins de la bouche couleur de safran ; le bec noir, un peu courbé en bas, convexe en dessus et comprimé par les côtés ; les jambes couvertes jusqu'aux talons de plumes, qui sont d'un blanc sale transversalement rayé de brun ; les pieds sont jaunes, ont deux doigts devant, deux derrière terminés par des ongles jaunes. Lorsque cet oiseau a l'âge de consistance, il est à peu près de la grosseur d'un pigeon biset, long de trente-cinq centimètres environ, depuis le bout du bec jusqu'à l'extrémité de la queue ; hors la queue, presque tout son plumage diffère de celui du jeune coucou. La tête, le dessus du dos, le dos, le croupion et le haut des ailes sont d'un cendré brillant ; la gorge et le bas du cou sont d'un cendré plus clair ; les dix premières plumes de l'aile sont d'un cendré foncé ; mais leur côté extérieur est varié, comme dans l'oiseau jeune; les six suivantes sont pareillement les mêmes que dans la jeunesse ; et les treize plus près du corps sont cendrées comme le dos et sans tache. La femelle est roussâtre, rayée de brunâtre et de roux.

Le coucou est de tous les oiseaux le seul que l'on connaisse qui abandonne ses petits à des soins étrangers ; et, en effet, il ne fait point de nid ; mais il cherche le nid d'un petit oiseau, comme celui de la fauvette, du linot, de la mésange, du roitelet ; s'il y aperçoit des œufs, il les casse, et il y substitue à leur place un des siens, en l'abandonnant aux soins de la nourrice qu'il a choisie ; ce n'est pas que le coucou manque d'amour pour les petits qui doivent naître de lui ; mais il y a une conformation singulière dans les viscères de l'oiseau qui s'oppose à l'incubation.

Le coucou est carnassier et vorace ; il se nourrit de chair de cadavres, de chenilles, de mouches, de fruits et d'œufs d'oiseaux ; et quand on en veut élever pour nourrir chez soi, on lui donne d'abord du cœur de mouton haché ; lorsqu'il est grand, on lui présente la même pâte qu'au rossignol.

Le coucou est un vrai oiseau de passage. Quand il ne trouve plus d'insectes dans ce pays, il en va chercher dans d'autres contrées. La durée de sa vie est d'environ quatre ou cinq ans ; il n'est pas commun, parce que sa ponte n'est que d'un œuf ou deux. Le coucou n'a de l'oiseau de proie que la simple apparence ; il n'en a ni la force ni le courage. Il est faible et timide ; il s'enfuit à tire-d'ailes devant le plus petit oiseau qui le poursuit vigoureusement : sa voix annonce le retour du printemps ; son vol est court, interrompu et mal assuré.

On a débité sur le coucou mille puérilités que nous nous garderons bien de rapporter ici. Nons observerons seulement que le plus souvent, lorsqu'il est jeune, il ôte la vie à celle qui l'a nourri.

La chair du coucou n'est pas de très-bon goût pour en manger ; il n'y a guère que les gens de la campagne qui s'en nourrissent quelquefois ; cependant, lorsqu'ils sont jeunes et qu'ils sont pris dans le nid, et à l'instant qu'ils se trouvent assez forts pour s'envoler, leur chair est tendre et délicate à manger.

LE BRUANT

Le bruant est un oiseau plus grand que le moineau domestique, mais plus petit que le gros-bec. Le dessus de son corps est noir ; sa poitrine est d'un jaune-vert, et son ventre est blanc ; il a le bec rond, court et gros, et à peu près semblable à celui du gros-bec ; la femelle est beaucoup moins colorée que le mâle et n'est qu'un peu verdâtre.

Le zizi ou bruant des haies est à peu près de la même taille, et diffère en ce que la gorge est presque noire, et ce noir fait un crochet autour des yeux ; il a un collier jaune, bordé d'une ligne brun-noir, qui le sépare de sa poitrine, qui est rougeâtre ; son ventre est grisâtre clair.

Sa femelle a des couleurs beaucoup plus claires. Cet oiseau fait son nid dans les vallons et les lieux bas, ordinairement sur les saules. Il le construit d'abord d'herbes et de sainfoin, et il le revêt intérieurement de laine, de poils ou de crins ; il y dépose trois ou quatre œufs, longs, d'un noir pâle avec des taches sanguines, principalement au gros bout.

Lorsqu'on approche du nid du bruant, il fait connaître sa crainte par un cri particulier ; c'est ainsi qu'il décèle souvent son nid.

Il se nourrit à la campagne de graines de chardons, de bardanes, de semences de raves, de millet et d'alpiste, et en cage on lui donne pour aliments du panis, du chènevis, de l'alpiste, et même de l'avoine. Si on veut les élever, il faut les prendre à l'époque où ils doivent quitter leur nid ; ces oiseaux sont délicats et s'élèvent difficilement. La nourriture qui paraît le mieux leur convenir est la pâte préparée pour les jeunes serins, à laquelle il faut joindre du chènevis broyé.

Ces oiseaux sont faciles à prendre, et vivent en volière plusieurs années.

Il vient si près des maisons pendant l'hiver, qu'on le voit souvent avec les moineaux devant les greniers et les granges, et qu'il entre même dedans. Il s'apprivoise facilement ; il s'habitue même à venir sur le poing et à tirer avec adresse des petits seaux qui renferment son boire et son manger. Il chante assez doucement, surtout en compagnie d'autres oiseaux. Le bruant commence à chanter à la fin de février ; c'est un oiseau du pays ; il y fait toute l'année sa résidence. On le trouve souvent en compagnie des pinsons.

LE VERDIER

Le verdier est un oiseau très-commun que les oiseleurs appellent improprement bruant ; il est à peu près de la grosseur d'un moineau ; il a le bec court et un peu plus gros ; sa tête est verdâtre, mêlée de clair obscur en dessus ; tout le tour des yeux et la poitrine sont d'une seule couleur jaune clair, son dos et ses ailes sont d'une couleur rougeâtre, comme bai ; au-dessous de son bec, à sa gorge, se trouve une petite tache semblable à celle du moineau, mais moindre ; au commencement de sa poitrine règne une espèce de collier de couleur rougeâtre qui s'étend de la naissance d'une aile à l'autre ; sa queue est d'une couleur entre grise, brune et verte ; sa poitrine et son ventre sont jaunâtres, avec quelques mélanges de vert ; ces parties se trouvent quelquefois tachetées de quelques parties de larmes de couleur obscure.

Outre l'oiseau que nous venons de décrire, il s'en trouve un autre qu'on nomme verdier paillet, à cause de la couleur de la paille dont est peint son plumage.

Le mâle se distingue de la femelle en ce qu'il a plus de jaune qu'elle dans son plumage, principalement en dessus, autour des yeux et sous la gorge. On remarque encore au cou du mâle, en descendant vers les flancs, plus de taches, et des taches beaucoup plus apparentes que dans la femelle.

Le verdier habite toute l'année nos campagnes ; il vit dans les bois, dans les jardins et les vergers, fouillant et cherchant des semences ; aussi, quand on le prend, on lui trouve le bec crotté et plein de terre ; il fait son nid sur les arbres, à une hauteur médiocre, et sur les buissons. Il est composé de mousse et d'herbe sèche en dehors, de crin, de plumes et de laine en dedans. La ponte est de cinq ou six œufs tachetés de rouge-brun sur fond blanc verdâtre. La femelle couve avec tant d'attachement, qu'elle se laisse quelquefois prendre sur le nid plutôt que de s'envoler.

Ces oiseaux sont très-faciles à élever ; ils n'ont point de chant, mais ils apprennent à prononcer quelques mots ; ils s'habituent plus aisément qu'aucun autre oiseau à la manœuvre de la galère ; ils deviennent aussi très-familiers.

LE PINSON

Le pinson est un oiseau un peu plus petit qu'un moineau ; sa queue est assez longue ; le mâle a la poitrine rougeâtre ; le bec plombé, la tête blanchâtre, la partie postérieure du dos d'un cendré vert, et l'antérieure grise, le tour des yeux, la gorge, la poitrine et les côtés tannés ; le cou ceint de la même couleur, rougeâtre, les ailes noires, avec une triple tache blanche : la première au pli de l'aile, la seconde au milieu des plumes qui sont en recouvrement, et la troisième, qui est la plus petite, aux grandes plumes des ailes, au-dessous de la précédente. Les plumes des ailes en recouvrement sont noires avec les extrémités blanches, comme elles le sont à la base ; toutes les grandes plumes des ailes sont noirâtres, mais blanches au côté intérieur, principalement vers la base; toutes, à l'exception des trois premières, sont marquées d'une tache blanche, vers la base, au côté extérieur; les plumes du second ordre sont marquées aussi, au côté extérieur, d'une ligne blanche ou jaunâtre au-dessus du milieu; les plumes de la queue sont presque égales, noires, dont les deux extérieures ont une tache oblique blanche, plus grande à la dernière plume, mais la pointe du milieu est cendrée.

La femelle a le bec plombé; tout le corps d'un cendré verdâtre en dessus, blanchâtre en dessous; les grandes plumes des ailes sont noirâtres; toutes, excepté les trois premières, sont blanchâtres au bord intérieur; la queue est fourchue; les plumes en sont noirâtres, et la plume du milieu est verdâtre; mais les deux dernières ont, vers le bout, une tache oblique en forme de coin; dans ces plumes, l'extérieure est la plus grande.

Lorsque la glandée va bien et quand on y chasse les cochons pour les engraisser, les pinsons s'empressent de voler où ces animaux ont fouillé et mangé, d'autant qu'ils y trouvent toujours quelque chose pour leur nourriture. Quand le pinson appréhende l'orage ou la pluie, il a un cri particulier. Le chant du pinson est court; il n'a qu'environ douze notes, composées de trois parties, et la conclusion de son chant est ce qu'il y a de plus beau; il imite même quelquefois en cage le chant du rossignol et celui du serin des Canaries. Parmi ces oiseaux, les uns chantent avec une phrase assez courte, et d'autres avec une phrase longue et redoublée; on estime beaucoup ceux-ci; on s'en sert en qualité d'appelants pour en prendre d'autres au filet.

Les pinsons, outre leur ramage ordinaire, ont encore un certain frémissement d'amour qu'ils font entendre au printemps, et un certain cri qui, dit-on, annonce la pluie. Si on met un jeune pinson pris au nid sous la leçon d'un linot, d'un serin ou d'un rossignol, il se rendra propre le chant de ses maîtres. Nous n'avons, au contraire, vu aucun individu de cette espèce qui ait appris à siffler des airs de notre musique ; ces oiseaux tiennent trop à la nature et ne savent point s'en éloigner jusqu'à ce point.

Il est sujet à devenir aveugle ; aussi ne chante-t il jamais si bien qu'en cet état. Pour obtenir ce chant, on a deux cages fermées, de manière que les rayons du jour ne puissent y pénétrer ; on met l'oiseau dans l'une avec la nourriture nécessaire ; et lorsqu'on juge à propos de la nettoyer ou de renouveler ses aliments, on le fait passer dans l'autre qu'on aura préparée à le recevoir ; les pinsons, ainsi privés de la lumière par ce procédé, sont des chanteurs infatigables.

Le pinson fait son nid fort haut dans les bois : mais, dans les jardins, il le fait quelquefois à la hauteur d'un homme entre les branches épaisses des pommiers, de sorte qu'on passe souvent auprès sans s'en apercevoir. Ce nid est un chef-d'œuvre : il est construit à l'intérieur de mousse, et garni à l'extérieur du duvet qui tombe ordinairement au printemps de quelques arbres ou plantes, la femelle y dépose quatre ou cinq œufs.

Suivant Olina, les jeunes pinsons, tant ceux qui ont été pris au nid que ceux qui ont été attrapés quelque temps après en être sortis, se modèlent pour le chant sur un vieux pinson qu'on pourrait avoir, pourvu qu'il soit bon.

Ces oiseaux s'habituent aussi très-facilement à tirer leur nourriture et leur boisson avec de petits seaux, en s'aidant non-seulement de leur bec, mais aussi de leurs pattes, et quand on veut les faire chanter beaucoup, on leur donne un peu de pain et de fromage ou de lait, mais il ne faut pas que ce fromage soit salé ; on leur donne aussi pour le même effet des vers semblables à ceux que l'on présente aux rossignols, ou même quelques sauterelles.

On nourrit les pinsons en cage avec de la graine de chardon ou du chènevis ou panis. Il aime beaucoup à se baigner ;

on peut l'apprivoiser, dans sa jeunesse, de manière qu'à certain temps de l'année il s'en va et revient ; à la fin de septembre, le pinson part pour d'autres contrées ; cependant il en reste plusieurs en France pendant l'hiver, ils viennent même dans les villages devant les granges avec les moineaux et les bruants. Le retour de ceux qui ont émigré a lieu dans le mois de mai, et on présume qu'ils viennent alors du nord, puisqu'ils en amènent souvent avec eux qui sont entièrement blancs.

Cet oiseau a une manière particulière d'échapper à l'oiseau de proie ; dès qu'il le voit, il replie sa queue sur son corps, présente et étend sa queue tout droit en haut : l'oiseau de proie ne le reconnaît pas alors ; ou, s'il le prend, il ne saisit dans ses serres que les plumes de sa queue.

Le pinson aime le froid, mais un froid modéré, et cela est si vrai, que, lorsqu'en hiver la terre est couverte de neige, il s'en trouve alors si fort incommodé, qu'à peine peut-il voler ; il se laisse même prendre à la main. Cet oiseau est naturellement très-gai, aussi dit-on gai comme un pinson ; il est de tous les oiseaux celui qui annonce le plus le retour du printemps ; mais, lorsque dans cette saison le froid se fait sentir, il a un cri plaintif qui indique assez que le froid lui est désagréable.

Le pinson est sujet à devenir aveugle ; quand on voit que ses yeux pleurent, que ses plumes se hérissent et se gonflent, on tire le jus des feuilles de bettes ou de poirées, on le mêle avec de l'eau et du sucre et on lui donne à boire cette liqueur pendant quatre ou cinq jours, en la lui présentant seulement de deux jours l'un. On peut encore lui donner un petit bâton de figuier pour se percher et essuyer ses yeux ; on le nourrit ensuite pendant deux ou trois jours avec de la graine de melon mondée. La vie de cet oiseau est d'environ sept ou huit ans.

L'ORTOLAN

L'ortolan est un oiseau égal et semblable au verdier jaune ; son bec est court, rougeâtre dans le mâle ; sa gorge et sa poitrine sont cendrées ; le reste du dessous du corps, jusqu'à la queue, est roux ; le croupion plus roux ; les mâles ont la poitrine roussâtre, une tache blanche sous le bec, la tête cendré-vert ; le milieu des plumes qui couvrent le dos, noir, et les parties extérieures de ses plumes ou rousses ou cendré-vert. La tête et le cou de la femelle sont d'un cendré plus foncé et variés de petites lignes noirâtres longitudinales.

L'ortolan vit environ trois ou quatre ans ; il ne meurt ordinairement que d'une graisse excessive ; cet oiseau chante agréablement et souvent pendant la nuit. En France il est un oiseau de passage ; il arrive en mars comme la caille et s'en va vers l'automne. Il se tient dans les champs de blé, d'orge, de millet, de panis et d'autres grains semblables dont il est très-friand. Il fait en Italie son nid dans les blés et y dépose cinq ou six œufs. Il est très-probable qu'il niche aussi en France, mais aucun ornithologiste français n'a fait mention de la manière dont le nid est construit ni de la couleur des œufs.

BRUANT-COMMANDEUR.

(ÉTATS-UNIS).

Cet oiseau que les marchands appellent souvent cardinal vert, a le bec et les pieds noirs, la huppe noire dirigée en arrière, bavette noire, tête jaune au-dessus et au-dessous des yeux, dos gris verdâtre, ventre jaune verdâtre.

La femelle a le devant de la tête blanchâtre, les joues grises et la bavette noire encadrées de blanc, et le ventre gris jaunâtre.

Le bruant-commandeur se reproduit souvent en volière où il fait son nid comme les pinsons; lorsqu'il a des petits, il faut mettre des œufs de fourmis à sa disposition.

Son chant très-agréable ne manque ni d'ampleur, ni de variété.

Il supporte très-bien notre climat, on le nourrit de blé, surrasin, millet, alpiste, navette, maïs concassé, et de chicorée, mouron ou sèneçon.

LA MÉSANGE

La mésange est un oiseau fort commun en France ; il s'en trouve de plusieurs espèces ; la grosse mésange est la plus commune ; elle a le corps noir luisant, les tempes blanches au-dessous des yeux, la gorge noire, et cette noirceur se joint sous les tempes à la tache de sa tête, tandis que la tache de la gorge trace une ligne droite, noire, vers la poitrine et le ventre ; la nuque du cou est jaune, les épaules sont d'un jaune-vert, la poitrine et le ventre sont jaunes, les ailes et la queue sont blachâtres ; les grandes plumes des ailes noirâtres, dont le bord extérieur est plus pâle, excepté celui de la première ; une ligne blanche transversale passe obliquement par l'aile, la première plume de la queue est blanche longitudinalement en dehors ; mais la sixième de chaque côté est bleuâtre ; les autres sont blanchâtres longitudinalement en dehors et noirâtres en dedans, son bec est noir et court ; mais néanmoins plus grand que celui des autres oiseaux à bec mince proportionnellement au corps ; c'est le bec qui forme le caractère distinctif du genre des mésanges. On distingue le mâle de la femelle par plus de grosseur et des couleurs plus vives, surtout par la ligne noire du dessous du corps, qui est plus large et plus allongée.

Nous ne parlerons ici que de cette espèce, les autres sont trop nombreuses : on distingue la mésange à tête noire, la mésange bleue, la mésange de marais, la mésange huppée, etc.

Les mésanges sont des oiseaux très-méchants, et si quelqu'un est las de voir ses volières ornées de bons musiciens, il en sera bientôt débarrassé, s'il y met des mésanges, car elles les auront bientôt fait tous périr.

Les mésanges habitent presque tous les pays, on en voit en tout temps, même dans les endroits habités, bien plus communément en été qu'en automne ; cependant elles se tiennent la plupart du temps sur les arbres ou dans les broussailles et sur les petites plantes, rarement à terre ; elles montent et descendent ces mêmes arbres de la manière des piverts, se tenant aux troncs des arbres. La grosse mésange porte une coiffure sur la tête, ce qui lui a fait donner le nom de nonnette ; on les nomme aussi mésanges charbonnières, à causes des bandes et des taches noires qu'elles ont sur le corps, ou mésanges pinsons, à cause de la ressemblance de leur cou avec celui du pinson. Quand ces mésanges voient quelques-unes de leurs espèces et de plus petites qui sont plus faibles et malades, elles les poursuivent et leur tirent le cerveau hors la tête à coups de bec.

La mésange nonnette pond d'une seule couvée huit ou

neuf œufs dans le creux des arbres; elle est la plus estimée des mésanges pour le chant; elle vit quatre ou cinq ans; quand elle crie, son cri ennuie et fatigue très-souvent. Cet oiseau est courageux, il défend ses petits contre les autres oiseaux avec beaucoup de bravoure. Il vole par troupes de six ou sept et quelquefois davantage; on l'apprivoise et on le nourrit en cage et même dans une étuve, à cause de la douceur de son chant, qu'il fait entendre toute l'année. Comme les mésanges aiment le suif, on s'en sert pour leur dresser des embûches et on leur en donne pour qu'elles chantent plus agréablement.

Ces oiseaux se nourrissent ordinairement d'insectes qu'ils trouvent aux arbres : ils vivent aussi de chènevis et de noix qu'ils percent avec leur bec. La plupart de ces oiseaux mangent encore de la viande, et c'est la raison pour laquelle ils volent souvent sur les cadavres.

On les nourrit dans nos maisons avec la plus grande partie de nos aliments; ils aiment surtout éperdument les noisettes, il faut les leur casser. On leur donne aussi pour nourriture des limaçons, du fromage nouvellement caillé et des œufs de fourmis. Ces oiseaux n'avalent leur manger qu'après l'avoir goûté auparavant avec leur langue.

LE GROS-BEC

Le gros-bec est un oiseau qui tire son nom d'un de ses caractères les plus distinctifs; son corps est d'un tiers plus gros que celui d'un pinson, mais sa tête est relativement à sa taille d'une grosseur démesurée; elle est de couleur roussâtre; son cou est de couleur cendrée; son dos est roux, sa poitrine et ses côtés sont aussi de couleur cendrée, légèrement teints de rouge.

Le gros-bec est fort commun en France; il passe l'été sur les montagnes et dans les bois, et pendant l'hiver il habite la plaine; il fait son nid dans le creux des arbres; il y pond par couvée cinq ou six œufs.

Il se nourrit de différentes graines et spécialement de chènevis ; il mange encore des cerises, des olives et diverses baies ; il casse les noyaux et il mange les amandes, il endommage même les bourgeons des arbres, et si on ne le tuait pas comme un oiseau bon à manger, on ferait très-bien de le tuer comme oiseau destructeur. La durée de sa vie n'est pas déterminée. On est dans l'usage d'en nourrir dans les volières, mais il ne faut pas que ces volières soient trop petites, parce qu'alors il pourrait occasionner de l'ennui aux autres oiseaux. Il n'a aucun ramage et ne peut plaire que par son plumage.

GROS-BEC LAZULI.

(AMÉRIQUE).

Cet oiseau d'un beau bleu lapis-lazuli, mesure dix-huit centimètres de longueur ; il chante peu, mais il plaît par sa beauté. Sa femelle est rousse et brun bleuâtre.

Peu sensible au froid, cette espèce se reproduit dans une volière spacieuse, une bûche creuse ou un trou qu'il garnit de mousse lui conviennent pour son nid.

On nourrit le gros-bec lazuli de navette, chènevis, blé, maïs et sarrasin ; les jeunes mangent des œufs de fourmis et des morceaux de vers de terre.

L'ÉTOURNEAU OU SANSONNET

L'étourneau est un oiseau à peu près de la grosseur d'un merle ; il a environ vingt-trois centimètres de longueur du bout du bec à celui de la queue ; le haut de la tête, le dessus du cou et le dos sont d'un noirâtre changeant en pourpre et en vert foncé, mais très-brillant ; chaque plume est roussâtre à son extrémité ; ses joues, sa gorge, le bas de son cou, sa poitrine et son ventre de même ; cependant ses plumes sont terminées par une couleur blanchâtre ; celles de la tête et du cou sont longues et étroites ; ses jambes sont couvertes jusqu'aux talons de plumes d'un cendré brun, terminées de roussâtre clair.

On remarque dix-neuf plumes à l'aile; la première est extrêmement courte; la seconde est plus longue que les autres; elles sont mêlées d'un cendré brun, presque noirâtre, de roussâtre et d'un vert foncé et brillant; sa queue est formée de douze plumes; elles sont d'un cendré brun très-foncé, extérieurement et par le bout roussâtres; l'iris des yeux est noir. Le bec est droit, convexe, jaunâtre à son origine et brun vers le bout, obtus et un peu plus large qu'épais; ses pieds sont d'une couleur de chair et ont trois doigts devant et un derrière armés d'ongles noirâtres. Le mâle se distingue de la femelle en ce qu'il a l'iris de l'œil d'un beau noir, tandis que dans la femelle il est bordé d'un cercle blanchâtre

L'étourneau est très-commun; il a le caractère très-gourmand; il se nourrit de vermisseaux, de scarabées et d'autres insectes; les baies de sureau et d'autres arbustes les raisins, les olives, le millet, l'avoine et d'autres semences sont aussi de son goût; il aime encore la ciguë et la chair des animaux morts; ce n'est pas un oiseau de passage, quoique quelques auteurs l'aient pensé, fondés sans doute sur ce que ces oiseaux s'assemblent quelquefois le soir en si grande quantité et volent avec tant de rapidité qu'ils font un bruit semblable à celui d'un tourbillon.

Les étourneaux habitent pendant l'été les forêts, les prés et les lieux aquatiques; pendant l'hiver ils se retirent dans les tours, sous les toits des maisons et dans les trous qu'ils y rencontrent. On ne voit presque jamais les étourneaux solitaires; ils se plaisent en société; ils s'associent même pour voler avec certaines grives; ils vivent pendant environ cinq ou six ans; on a vu de ces oiseaux qui ont vécu en cage près de vingt ans; ils sont très-dociles, ils s'apprivoisent facilement et on peut très-bien leur apprendre quelques mots.

On distingue plusieurs espèces d'étourneaux : le vulgaire, le blanc, le bleu et le noir, celui à tête blanche, le gris, sans comprendre ceux qui sont étrangers à la France.

Les étourneaux font leurs nids à la campagne dans de gros arbres et particulièrement dans les châtaigniers qui se trouvent dans les forêts et sur les montagnes. Ils en construisent deux ou trois par an et ils y déposent chaque fois quatre ou cinq œufs légèrement teints d'un bleu verdâtre. On voit encore très-souvent des étourneaux au faîte des plus hauts bâtiments, sur les toits et les colombiers des maisons ; ils y font leur nichée comme les moineaux. Rien n'est plus facile que d'attraper ceux qui habitent ces endroits ; on met pour cet effet, près de la muraille du lieu qu'ils habitent, quelques vases de terre cuite non vernissés, faits à la façon de ces flacons de bois dont se servent les gens de la campagne, plats d'un côté et rebondis de l'autre, ayant du côté du plat une assez grande ouverture pour pouvoir y faire entrer la main ; on les attache au mur et les étourneaux et moineaux y font alors leurs petits sans aucun trouble. Quand ces petits sont bons à prendre, on les en tire ; cela n'empêche pas que les père et mère n'y retournent à diverses reprises pour y couver de nouveau.

Lorsqu'on a déniché les petits, si on veut les élever, on leur donne pour nourriture du cœur de mouton ou d'autres animaux, hachés par petits morceaux de la grosseur d'une plume à écrire : on leur en présentera tous les jours trois ou quatre fois au bout d'un petit bâton, jusqu'à ce qu'on s'aperçoive qu'ils veulent manger seuls ; on les nourrira alors à peu près comme le rossignol, quoiqu'on puisse leur donner, quand ils sont grands, de toutes sortes de nourriture. Ces oiseaux, ainsi élevés, apprennent à siffler ; on les met en cage, on les laisse même quelquefois se promener par toute la maison, tant ils sont faciles à apprivoiser.

LE GEAI

Le geai est un oiseau dont le plumage est aussi doux que la soie et remarquable par sa beauté et la variété de ses nuances. Des taches blanches traversent ses ailes ; le derrière de sa tête est diversifié de roux et de couleur de perle ; son dos est plus pâle et tirant sur le cendré ; les plumes qui sont auprès de son croupion sont blanchâtres ; sa queue est tiquetée de blanc, beaucoup plus petite que celle de la pie ; sa poitrine et son ventre sont d'un cendré pâle, ainsi que ses pieds et ses doigts ; ses ongles sont noirs et un peu crochus. Cet oiseau est presque de la grosseur d'un pigeon, il diffère en cela de la pie, qui est plus petite ; il en diffère en outre par la variété de son plumage. Il a le bec noir, fort, robuste et des yeux bleus. L'ouverture de son gosier est si ample, qu'il avale des glands tout entiers ; il s'en nourrit pendant l'automne et l'hiver ; mais, pendant les deux autres saisons, il va chercher les pois verts, les groseilles, les fruits de ronce et les cerises, dont il est très-friand ; et, dans les temps de la moisson, il mange des grains et des insectes qui se trouvent alors dans les champs.

Le mâle est plus gros que la femelle ; les plumes de sa tête sont plus noires et celles de ses ailes sont d'un beau blanc. On prétend que le geai est sujet au mal caduc. Pris dans le nid quand il est encore niais et élevé en cage, il apprend à parler et à siffler ; il contrefait aussi le chat, la poule et plusieurs autres sortes d'oiseaux ; mais, pour le prendre dans le nid, il faut qu'il soit bien emplumé ; on lui donnera pour nourriture du cœur, du pain, de la soupe et des fruits, et, pour pouvoir mieux lui apprendre à parler, on lui coupera le filet qu'il a sous la langue. La femelle pond quatre ou cinq œufs cendrés, avec des taches plus apparentes, et va faire son nid dans les arbres touffus et le plus souvent dans ceux qui sont entourés de lierre. Il construit ce nid de bois sec en dehors et il le garnit intérieurement de racines et de filaments d'herbes.

Le geai est voleur comme la pie, et cache, de même qu'elle, ses larcins dans les lieux les plus secrets de la maison. Il mue ordinairement par la tête tous les ans au mois d'août.

LE ROLLIER

Le rollier tient de la pie, du geai et du martin-pêcheur ; il se distingue par un bec droit, robuste, tranchant, en général plus haut que large et courbé à l'extrémité. Les narines, en grande partie découverte, sont obliques ; il a autour des yeux une tache noirâtre fournie par la peau nue ; l'iris des yeux est gris.

C'est un oiseau de la grosseur du geai ; il est d'un vert bleuâtre ; le dos, les épaules et les trois dernières pennes sont fauves, le fouet de l'aile est marqué de bleu clair ainsi que le cou et le dessus de la tête. Les jeunes n'acquièrent les belles couleurs de leur plumage que la seconde année, avant cette époque la tête le cou et la poitrine sont encore d'une nuance grise tirant sur le blanc. Les pattes, courtes, sont d'un gris jaunâtre.

Ces oiseaux sont farouches et se cachent dans l'intérieur des forêts ; ils nous quittent l'hiver et passent à Malte, en Sicile, en Afrique, où ils nichent dans des creux d'arbres.

En liberté ils vivent de baies, d'insectes et de petits reptiles ; la manière dont ils s'y prennent pour tuer et avaler ces animaux est très-curieuse : ils commencent par les saisir et les écraser avec leur bec, puis ils les lancent et les reçoivent dans leur large gosier. Lorsque l'animal remue encore, ou que le morceau est retombé en travers, ils le relancent de nouveau, jusqu'à ce que, enfilant le gosier, il puisse commodément être avalé.

Lorsqu'on veut les élever, il faut les nourrir de cœur de bœuf haché, de vers, de petites grenouilles, d'insectes ; un peu plus tard on peut arriver à mélanger à la viande un peu de gruau d'orge, de mie de pain ; mais il faut toujours revenir au cœur de bœuf, qu'il préfère à tout.

Lorsque l'on veut apprivoiser les Rolliers, il faut les prendre dans le nid, lorsqu'ils sont à peu près à la moitié de leur croissance ; ils n'acquièrent les belles couleurs de leur plumage que dans la deuxième année ; depuis la naissance jusqu'à cette époque ils restent gris-blanc. La ponte, qui est généralement de cinq à six œufs, est couvée en commun pendant vingt jours ; les œufs sont entièrement blancs. Le nid est presque toujours placé dans des troncs d'arbres, il est formé de petites branches, d'herbes, de plumes, de poils.

Cet oiseau n'a pas d'autre mérite que son joli plumage, car sa voix est désagréable, et, quoiqu'il vienne à l'appel de la personne qui a l'habitude de lui donner sa nourriture, il ne se laisse pas prendre et se défend souvent à coups de bec ; un rien l'effarouche et dans sa frayeur il pourrait se tuer par les violents coups qu'il se donne à la tête en cherchant follement à se sauver.

LA TOURTERELLE

La tourterelle proprement dite a environ trente centimètres de longueur; la tête et le derrière du cou sont de nuance gris cendré, elle a de petites plumes noires terminées de blanc sur les côtés du cou. Le dos est d'un brun cendré ainsi que le croupion et le dessus de la queue, la gorge et la poitrine d'une belle couleur incarnat avec des reflets violets, le ventre et le dessous de la queue blanc.

Les plumes du dessus des ailes sont cendrées avec le bord extérieur couleur de rouille; celles de la queue sont très-foncées avec l'extrémité blanche.

La femelle a la poitrine plus pâle, et toutes les nuances de son plumage sont moins accentuées. La tourterelle sauvage passe généralement l'hiver en Afrique, et elle n'arrive que vers le mois d'avril, dans nos bois, où elle niche toujours la même paire ensemble, et ce n'est pas injustement que l'on en a fait un des emblèmes de la fidélité conjugale.

Elle fait son nid dans les grands arbres ; sa ponte, qui est de deux œufs blancs, se renouvelle presque toujours deux fois.

La tourterelle des bois, lorsqu'elle est très-jeune, s'accoutume assez bien au colombier, mais comme elle est très-sensible au froid, il lui faut toujours un endroit très-abrité. Si elle est élevée en volière, il le lui faut assez vaste avec une corbeille de paille où elle puisse nicher.

On la nourrit avec du millet, des pois, des vesces, du chènevis, du blé et même du pain ; elle demande en général peu de soins et est très-facile à conserver.

LA TOURTERELLE A COLLIER.

Un peu plus longue que la tourterelle sauvage, la tourterelle à collier, appelée aussi tourterelle franche, a le dessus du corps couleur café au lait, le dessous beaucoup plus clair et quelquefois tout blanc, le derrière du cou est orné d'un croissant noir dont les portes sont tournées en avant et dont la partie inférieure est bordée de blanc. Les plumes de la queue sont plus foncées et la femelle est toujours plus pâle que le mâle. Le roucoulement du mâle ressemble a une espèce de rire avec des sons très-tendres ; on l'élève très-bien en volière avec du blé, du millet et autres graines. Son nid se compose d'une petite corbeille de paille au fond de laquelle on met des brindilles de paille ; elle y pond deux œufs blancs, l'incubation dure quinze jours, mais il est rare que sur les deux œufs il n'y en ait pas un d'infécond.

LA PIE

La pie est un oiseau qui approche du genre des corbeaux et qui est même de leur taille, mais qui a le geste et la manière de vivre des corneilles. Cet oiseau a quarante-huit centimètres de longueur depuis le bout du bec jusqu'à l'extrémité de la queue ; son bec est noir, gros, fort ; sa mandibule supérieure est recourbée, pointue, saillante : sa langue est fourchue, noirâtre, semblable à celle du geai ; les côtés de la fente du palais sont hérissés de poils ; ses narines sont rondes, couvertes de soies réfléchies ; l'iris de ses yeux est de couleur noisette pâle. On remarque une tache jaune à leurs membranes clignotantes. La tête, le cou, la gorge, le dos, le croupion et le bas-ventre de cet oiseau sont de couleur noire; le bas du dos, près du croupion, est grisâtre; la poitrine et les côtés sont blancs, de même que les plumes qui couvrent la première articulation de l'aile; ces ailes sont petites à proportion de la grandeur du corps; la queue et les grandes plumes des ailes sont tracées de très-belles couleurs, mêlées de vert, de pourpre, de bleu, mais seulement aux barbes extérieures.

Il y a vingt plumes à chaque aile de cet oiseau dont la première est moitié plus courte que la seconde, la seconde plus courte aussi que la troisième, la troisième plus courte que la quatrième, mais inégalement; la quatrième et la cinquième sont les plus longues; les onze premières sont blanches dans leur milieu, au côté intérieur du tuyau; les extérieures plus largement, les inférieures plus étroitement; le blanc va insensiblement en diminuant jusqu'à finir à la première plume en une touche un peu grande; la queue est composée de douze plumes d'une structure singulière, attendu que les deux du milieu sont les plus longues et celles qui suivent immédiatement plus courtes; toutes les autres extérieures sont aussi plus courtes que les intérieures, jusqu'aux dernières, dans la même proportion; les deux plus grandes, c'est-à-dire celles du milieu de la queue, sont verdâtres inférieurement, puis tirant sur le pourpre, bleues au sommet; les pieds et les ongles sont noirs; la dernière jointure du doigt extérieur est jointe à celle du milieu.

Cet oiseau apprend très-bien à parler. Souvent, à l'entendre, on le prendrait pour un homme. Il construit, avec la plus grande adresse, son nid sur les arbres; il le munit d'épines en dehors, tout autour, dessus et dessous, et n'y laisse qu'un trou fort étroit pour y entrer; il y pond à chaque couvée cinq ou six œufs, quelquefois sept, presque jamais davantage, plus petits et plus perlés que ceux des corbeaux, piquetés de taches très-fréquentes.

Il se nourrit des mêmes aliments que les corneilles, se jette sur les moineaux et autres petits oiseaux et les mange. La pie a beaucoup d'instinct et de babil, elle se plaît à contrefaire les cris de divers animaux et tout ce qu'elle entend, mais, pour qu'elle jase mieux, il faut la tenir en cage. Lorsqu'elle est rassasiée d'aliments, elle va cacher adroitement ce qui lui reste de provision pour le besoin à venir ; elle aime à voler la vaisselle d'argent, il faut même s'en méfier. Elle est carnassière, dévore le gibier, même les lapereaux et les levrauts, vole les œufs des autres oiseaux, notamment ceux du merle, dont le nid est ordinairement mal caché, c'est ce qui rend le merle plus rare qu'il ne devrait être. La pie se trouve par toute la France, elle est d'un tempérament très chaud et pond de fort bonne heure ; son nid est alors exposé à la vue de tout le monde et, comme il est très-gros, on peut le voir de loin ; quelquefois elle le fait sur des baliveaux à défaut de grands arbres, mais ordinairement elle choisit, pour le faire, le sommet des arbres les plus élevés et les plus inaccessibles. Quand les corneilles approchent du nid de la pie, elle les attaque et les poursuit en criant de toutes ses forces, jusqu'à ce qu'elles soient bien éloignées.

Elle se défend même contre tous les autres oiseaux de proie. S'il arrive qu'on lui déniche d'assez bonne heure sa première couvée, elle en fait une seconde, sinon elle se contente d'une seule nichée, comme font presque tous les autres oiseaux.

Dans les pies, de même que dans les geais, le mâle se distingue difficilement de la femelle ; il n'y a dans l'un et l'autre que quelques nuances de plus ou de moins. Les reflets sont plus beaux dans le mâle que dans la femelle ; celle-ci est aussi un peu plus petite. La pie marche en sautant et remue perpétuellement la queue ; elle mange de tout, quelquefois même, en hiver, elle va manger dans les auges des porcs, qui souffrent volontiers qu'elles montent sur leur dos.

LE MERLE

Le merle est un oiseau qui égale la grive en grandeur; sa longueur est de vingt-huit à vingt-neuf centimètres depuis la pointe du bec jusqu'au bout de la queue; son bec est d'un jaune safrané, la circonférence des paupières est pareillement jaune; il y a à chacune des ailes de cet oiseau dix-huit grandes plumes; la quatrième est la plus grande; sa queue est formée par douze plumes d'égale grandeur, excepté les dernières de chaque côté, qui sont tant soit peu plus courtes que les autres; ses pieds sont nus, les doigts extérieurs et postérieurs sont égaux; le premier est attaché à celui du milieu par sa partie inférieure.

La femelle diffère du mâle au point qu'on les prendrait l'un et l'autre pour deux oiseaux d'espèce différente; tout son plumage est d'un brun foncé sur les parties supérieures du corps, les ailes et la queue sont d'un brun plus clair, mélangé de roux et de gris sur les parties inférieures. La pointe, le dessus du bec et les pieds d'un brun noirâtre; le dedans de la bouche est jaune dans l'un et l'autre sexe.

Lorsque les merles sont encore jeunes et de l'année, ils ont le bec noirâtre, mais il change de couleur au bout d'un an et devient d'un beau jaune, et quand ils sont avancés en âge, ils sont très-noirs partout. En général, les merles et les fauvettes, dans leur jeunesse, sont plutôt bruns que noirs ; leur poitrine est roussâtre et leur ventre un peu grisâtre, quand ils sont encore petits. Il est impossible de distinguer les merles d'avec les fauvettes par leur couleur; le propre du merle est de chanter beaucoup. Ils font des petits deux ou trois fois par an ; ils doivent donc commencer au premier printemps avant les autres oiseaux. La femelle pond à chaque couvée quatre ou cinq œufs bleuâtres parsemés de taches brunes. Cet oiseau construit son nid avec tout l'art possible ; il emploie à l'extérieur de la mousse, des rameaux déliés et des racines menues qu'il lie ensemble avec de la boue pour tenir lieu de colle, le dedans est aussi latté ; cependant le merle ne pond pas ses œufs sur la boue à nu, comme fait la grive, mais il met par-dessus la boue du chaume, de la paille, du poil ou du crin, ou d'autres matières molles propres à protéger ses œufs, pour qu'ils soient moins exposés à se casser et que ses petits soient couchés plus mollement. Il place ordinairement son nid dans l'épine blanche à la hauteur d'un homme ou à peu près. Le mâle couve de temps en temps à la place de sa femelle, pendant le jour, et, pendant le restant du temps, il lui apporte à manger, l'égaye par son chant et veille autour d'elle pour en écarter l'ennemi.

Le merle se nourrit indistinctement de baies et d'insectes ; il aime à se baigner et à s'éplucher, il aime aussi à voler seul. Aristote a observé de son temps que cet oiseau gazouille en hiver, mais qu'en été il chante à gorge déployée. Il est de fait qu'il commence à chanter dès que la neige est à peine fondue, il continue toute l'année ; son chant n'est même pas désagréable, quand on l'entend dans un bois, où il y a de l'écho ou dans une vallée. Dès que cet oiseau a une fois appris quelque chose, il le retient toute sa vie. Il est très-docile, on peut l'instruire à parler, mais sa voix n'est jamais articulée comme celle du perroquet.

Quand on veut se servir du merle pour le chant, il faut le prendre dans le nid et lui donner pour nourriture du cœur, de la viande, du pain trempé et du fruit ; on ne mettra point le merle dans de petites volières avec d'autres oiseaux, parce qu'il les poursuit et les incommode beaucoup.

LE LORIOT.

Cet oiseau est à peu près de la grosseur du merle, le mâle est d'un beau jaune sur tout le corps, le cou et la tête, à l'exception d'un trait noir qui va de l'œil à l'ouverture du bec ; les ailes sont noires à quelques taches jaunes près ; la queue est aussi mi-partie de jaune et de noir, mais tout ce qui est d'un noir décidé dans le mâle, n'est que brun dans la femelle avec une teinte verdâtre ; et presque tout ce qui est d'un si beau jaune dans celui-là est dans celle-ci olivâtre, jaune pâle ou blanc.

Le loriot ne fait qu'une ponte par an ; son nid suspendu dans la fourche d'une petite branche, a la forme d'une petite corbeille à deux anses, les quatre ou cinq œufs que la femelle y dépose sont blancs marqués de quelques taches noires.

Pour élever des loriots, il faut les prendre au nid et malgré de grands soins il est rare que l'on y réussisse. On les nourrit d'œufs de fourmis, de viande hachée très-menue, de pain et de lait.

LA CAILLE

La caille est courte, trapue, ramassée, presque ronde, la queue lui manque et le col est peu allongé. Elle est montée sur deux pattes assez grêles, ce qui ne l'empêche pas d'être bonne marcheuse, comme elle est bonne voilière. Son plumage est sans éclat et teint de façon à ce qu'elle puisse se confondre avec les mottes de terre entre lesquelles elle se rase; cependant les rayures qui le relèvent lui prêtent une certaine élégance sobre et rustique. On pourrait la comparer à la robuste ménagère des champs, un peu fruste dans ses formes, mais piquante sous ses grossiers atours, infatigable dans l'œuvre de propagation et de nourricerie.

Sa voix grêle, mais nette, distincte, accentuée, son cri strident, presque aussi monotone que celui du grillon, vous l'avez, pour la première fois, entendu par une soirée du mois de mai, alors que les tiges du seigle commencent à se dégager de leurs gaînes enrubanées, que les prés se diaprent de marguerites, lorsque vous suiviez le sentier qui serpente à travers la plaine, ou le chemin bordé de saules qui longe la rivière.

Le vol de la caille est bas et lourd. Elle n'a pas franchi deux cents mètres qu'elle se repose; si on la poursuit, si à plusieurs reprises on la lève, elle paraît tellement accablée par la fatigue, que l'on a presque honte de se servir, pour l'abattre, de ce diminutif du tonnerre qu'on appelle un fusil. Ses ardeurs amoureuses, son humeur batailleuse qui l'incitent à donner dans tous les piéges, sont encore pour elle autant de causes de destruction.

L'été on trouve la caille dans tous nos champs, et cependant elle est célèbre par ses migrations : suivant les saisons elle parcourt l'Europe et l'Afrique; elles se réunissent alors en troupes nombreuses, et volent de concert, le plus souvent au clair de lune ou pendant le crépuscule.

Le mâle de la caille ne prend aucun soin de sa couvée, bien plus il repousse ses petits à coups de bec et ne s'occupe nullement du soin de sa progéniture. Les petits se séparent de leur mère aussitôt qu'ils peuvent se suffire à eux-mêmes. C'est généralement à terre que celle-ci dépose ses œufs, dont le nombre varie de huit à quatorze ; ils sont d'un blanc bleuâtre parsemé de petites taches brunes et ils éclosent trois semaines après l'incubation.

Ces oiseaux se tiennent dans les champs et jamais dans les bois, ils se nourrissent de grains et d'insectes. On sait qu'ils engraissent facilement et que c'est un excellent gibier.

Dans une volière on peut jouir du plaisir de sa gentillesse, de sa propreté et de ses mouvements gracieux ; on peut pour sa nourriture ajouter aux différentes graines, du pain, de la salade, du chou haché par morceaux, et, pour qu'il ne lui manque rien, il faut étendre dans la volière un lit de sable de rivière, principalement au moment de la mue, qui arrive deux fois par an. La caille boit beaucoup et son eau doit toujours être très-claire.

Pour jouir du chant de la caille, il est préférable de la tenir dans une espèce de cage en bois avec peu de jour; cette cage devra avoir à peu près quarante centimètres de hauteur, le plafond sera fait d'un épais drap vert, car la caille sautant très-souvent s'y blesserait, s'il était en bois.

LA GRIVE

On en distingue ordinairement quatre espèces, quoiqu'il s'en trouve un plus grand nombre : 1° la grosse grive ou druine ; 2° la petite grive de genièvre ou litorne ; 3° la grive rouge ; 4° mauvis, roselle ou calandrette. Les deux dernières espèces sont réputées pour être des oiseaux de passage en France, puisqu'elles n'y font pas leurs nids.

La druine est la plus grosse de toutes, elle a ordinairement vingt-sept à trente-deux centimètres depuis le bout du bec jusqu'à celui de la queue ; le bec est gris-brun à son origine et noirâtre vers le bout. Le dessus de la tête et du cou et une partie du dos sont gris-brun ; la partie inférieure du dos est de la même couleur ; elle tire seulement un peu sur le roux ; la gorge est blanche, avec une très-légère teinte de jaune et variée de quelques petites taches brunes ; les joues, le bas du cou, la poitrine et le ventre sont d'un blanc jaunâtre, avec de grandes taches presque noires ; les ailes sont d'un gris brun foncé avec une petite bordure blanchâtre ; la queue est d'un gris brun en dessus.

La petite grive ressemble à la grosse, elle est plus petite que la grive de genièvre et un peu plus grande que la grive rouge, elle a vingt-quatre centimètres de longueur ; son bec est brun ; les couleurs et les taches de sa poitrine et du ventre sont semblables à celles de la grosse grive ; le dessus du croupion brun partout ou plutôt olivâtre, avec un mélange de roux ou de jaunâtre aux ailes.

La grive de genièvre ou litorne ressemble pour la grandeur et pour la figure au merle femelle, avec cette différence seulement que cette grive a l'estomac jaunâtre, tacheté de noir et le ventre blanc ; ses jambes et ses pieds sont noirs, sa tête, son cou et son croupion sont de couleur cendrée ; le dessus du dos est tanné, mais peu griselé. Le dessous de l'aile est blanc.

La quatrième espèce, le mauvis, vole communément par grandes troupes et en été ; c'est celle qui est la plus commune dans nos plaines. Ses cuisses et ses pattes sont pâles, le dessus de ses ailes est rougeâtre et son ventre est blanc ; les naturalistes admirent son plumage, et les gens de la campagne sont enchantés de son chant mélodieux.

La grosse grive se perche au printemps sur la cime des arbres les plus élevés pour y faire son nid. Sa ponte est quelquefois de dix œufs ; son chant est très-mélodieux ; elle ne vole que par troupes ; chaque mâle et femelle se suffisent mutuellement pour se tenir compagnie. Cet oiseau se nourrit, de même que toutes les autres espèces de grives, de baies de gui (plante parasite qui croît sur l'écorce du chêne), elles ne restent cependant pas longtemps dans ses intestins, il les rend en entier, et souvent elles végètent nonobstant cela. En hiver, outre ces baies, celles du sorbier des oiseleurs, du houx sauvage et de l'aubépine fournissent un mets dont cette grive est fort friande. En été elle fait la chasse aux vers, aux chenilles et à d'autres insectes.

Quant à la petite grive, elle aime mieux les insectes que les baies, elle se nourrit même de limaçons, elle demeure pendant toute l'année en France et y fait son nid ; elle le construit en dehors avec de la mousse et de la paille et elle enduit son intérieur avec de la boue. C'est sur cette boue qu'elle pond cinq ou six œufs pour une seule couvée. Les œufs sont d'une couleur bleu verdâtre, piquetés de taches noires parsemées ; elle chante parfaitement bien au printemps, lorsqu'elle se trouve perchée sur les arbres ; elle est solitaire de même que la grosse grive, mais elle fait plutôt son nid dans les haies que sur les arbres élevés ; elle est stupide et se laisse prendre facilement ; on la dit fort gourmande, elle est surtout friande de graine de jusquiame et elle mange en outre beaucoup de raisins dans les vignobles, aussi s'aperçoit-on qu'elle est très-grasse pendant les vendanges.

La grive de genévriers ou litorne aime beaucoup les baies, surtout celles de genièvre, d'où lui est venu son nom ; elle mange aussi des vers et d'autres insectes ; elle passe toute l'année en Angleterre, excepté seulement pendant la saison de l'été ; on ne sait pas encore trop où se retirent ces oiseaux lorsqu'ils disparaissent. Ils aiment les prés et les pâturages. On ne distingue que très-difficilement le mâle d'avec la femelle, cependant la couleur du bec de celle-ci est beaucoup plus obscure.

Le mauvis est le rossignol de quelques contrées, il chante jour et nuit ; c'est surtout en été que ses accents mélodieux se font entendre dans les cannes ou roseaux dans lesquels il grimpe. Il y construit son nid qu'il laisse à découvert ; sa ponte est de cinq ou six œufs.

Cette espèce de grive ne vole pas aisément, mais elle bat des ailes à la manière des alouettes huppées; elle est aussi à peu près de la même grosseur.

LE MAUVIS.

On élève les grives en cage, surtout celles des trois premières espèces; elles y vivent environ cinq ou six ans; pour pouvoir réussir à les élever, il faut s'y prendre de la même manière que pour le rossignol. Quand on les prend jeunes dans le nid pour les élever en cage, elles y chantent supérieurement.

Agrippine, épouse de l'empereur Claude, avait une grive qui parlait.

On a observé que, quand il fait de grandes pluies en mai et en juin, il n'y a en automne que fort peu de grives, et la raison en est évidente, c'est que leurs nids, étant garnis de boue, ne manquent pas d'être endommagés par les pluies, ce qui fait périr les petits ou empêche les œufs de réussir,

LES BERGERETTES OU BERGERONNETTES, LA LAVANDIÈRE

Les bergerettes ont une espèce d'affection pour les troupeaux, elles les suivent dans les prairies, volent et se promènent au milieu du bétail paissant, s'y mêlent sans crainte, jusqu'à se poser quelquefois sur le dos des vaches et des moutons ; elles sont très-familières avec le berger, qu'elles précèdent, qu'elles accompagnent sans défiance et sans danger ; elles l'avertissent même de l'approche du loup ou de l'oiseau de proie.

L'affection de la bergeronnette pour l'homme l'emporte sur la crainte d'en devenir la victime. Il n'est pas d'oiseau libre dans les champs qui se montre aussi privé, qui fuie moins loin, qui soit aussi confiant, qui se laisse approcher de plus près ; elle ne sait même pas redouter les armes du chasseur, puisqu'elle ne le fuit pas.

La bergeronnette blanche a le dessus de la tête jusqu'à la nuque noir, le dos, les côtés de la poitrine et les petites couvertures des ailes d'un cendré bleuâtre, les joues et les côtés du cou sont très-blancs, la gorge, le gosier jusqu'au milieu de la poitrine sont noirs, le reste du dessous du corps est blanc. Les ailes sont d'un brun obscur, les plumes de la queue sont généralement noires et les externes blanches, marquées de petites taches.

LA BERGERONNETTE PRINTANIÈRE.

La bergeronnette jaune a le dessus du corps gris cendré, la tête a une légère teinte olive et le croupion est d'un beau jaune vert; la gorge et le gosier sont noirs ; mais la poitrine et le reste du dessous du corps sont du plus beau jaune.

La femelle, au lieu d'avoir la gorge noire, l'a d'un blanc jaunâtre d'orange; en général ses couleurs sont moins vives que celles du mâle.

Ces oiseaux, amis de l'homme, se plient facilement à devenir son esclave. Si on les laisse libres dans un appartement, ils donnent la chasse aux mouches, qu'ils avalent impitoyablement, et si on les met dans un lieu commode, mâle et femelle y élèvent leurs petits. Sous l'influence de la nouvelle saison, on voit le mâle, qui exprime son amour à la femelle, courant, tournant autour d'elle et renflant les plumes de son dos d'une manière étrange, exprimant énergiquement à sa compagne la vivacité du désir.

La bergeronnette printanière est la première à reparaître au printemps dans les prairies et dans les champs, où elle fait son nid au milieu des blés verts et y dépose cinq ou six œufs grisâtres tachetés de brun. Dans les trois pontes qu'elle fait assez généralement par an, la dernière est si tardive qu'on trouve quelquefois de ses nichées au mois de septembre elle se tient en hiver au bord des ruisseaux et près des sources qui ne gèlent pas, excepté pendant les grands froids, qu'elle s'abrite sous des arbres touffus. Les mouches et les moucherons sont alors la pâture des bergeronnettes, car, tant qu'elles fréquentent le bord des eaux en hiver, elles vivent de vermisseaux et ne laissent pas aussi d'avaler de petites graines.

La bergeronnette grise fait son nid vers la fin d'avril, communément au bord des ruisseaux, sur un osier près de terre à l'abri de la pluie, à peu près comme les lavandières.

La *lavandière* est de retour dans nos provinces à la fin de mars, elle fait son nid à terre, sous quelques racines ou sous le gazon dans les terres en repos, mais plus souvent au bord des eaux, sous une rive creuse et sous les piles de bois élevées le long des rivières. Ce nid est composé d'herbes sèches, de petites racines, quelquefois entremêlées de mousse, le tout lié assez négligemment et garni en dedans d'un lit de plume ou de crin.

Elle pond quatre ou cinq œufs blancs, semés de taches

brunes, et ne fait ordinairement qu'une nichée, à moins que la première ne soit détruite ou interrompue avant l'éclosion ou l'éducation des petits. Le père et la mère les défendent avec courage lorsqu'on veut les approcher ; ils viennent au-devant de l'ennemi, plongent et voltigent comme pour l'entraîner ailleurs, et, quand on emporte leur couvée, ils suivent le ravisseur, volant au-dessus de sa tête, tournant sans cesse et appelant leurs petits avec des accents douloureux.

Lorsque les petits sont en état de voler, le père et la mère les conduisent encore environ trois semaines et leur dégorgent des insectes et des fourmis jusqu'à ce qu'ils soient assez forts pour les attraper eux-mêmes. Les lavandières viennent pour ainsi dire battre la lessive avec les laveuses, tournent tout le jour autour de ces femmes, en recueillent les miettes qu'elles leur jettent de temps en temps. Ces oiseaux marchent d'un petit pas, mais très-preste, sur la grève des rivages, et semblent imiter par le battement de leur queue celui que font ces femmes pour battre le linge, ce qui leur a fait donner le surnom de lavandières.

Les bergeronnettes, ainsi que les rossignols, les fauvettes et les hirondelles, prennent leur manger avec une promptitude singulière et sans qu'on puisse se persuader qu'elles aient eu le temps de l'avaler. Dans leurs courses tortueuses, elles chassent en l'air les mouches, qui sont l'objet de leurs fréquentes pirouettes ; d'ailleurs leur vol est ondoyant et se fait par élans réitérés ; leur longue queue leur sert de gouvernail pour tourner à volonté et pour soutenir leur vol, en l'écartant et en la mouvant horizontalement. Lorsqu'elles sont à terre, elles marchent avec une légèreté sans égale ; toujours en mouvement, elles battent sans cesse l'air de leur queue. Cette action, qui se fait continuellement de haut en bas, leur a fait donner aussi le surnom de hoche-queue.

Ces oiseaux ont la voix peu étendue, mais le timbre en est clair et fort net, même assez soutenu pour être agréable. C'est en automne qu'on voit les lavandières en plus grand nombre dans nos campagnes. Cette saison qui les rassemble paraît leur inspirer plus de gaieté, elles multiplient leurs jeux, elles se balancent en l'air, s'abattent dans les champs, se poursuivent, s'entr'appellent et se promènent en nombre sur les toits des moulins et des villages voisins des eaux, où elles semblent dialoguer entre elles par des petits cris coupés et reitérés; on croirait alors entendre qu'elles s'interrogent, se répondent tour à tour pendant un certain temps, et jusqu'à ce qu'une acclamation générale de toute l'assemblée donne le signal ou le consentement de se transporter ailleurs. C'est dans ce temps encore qu'elles font entendre ce petit ramage doux et léger à demi-voix, et qui n'est presque qu'un murmure inspiré par l'agrément de la saison et par le plaisir de la société, auxquels ces oiseaux sont très-sensibles.

Sur la fin de l'automne, les lavandières s'attroupent en plus grandes bandes; le soir, on les voit s'abattre sur les saules et dans les oseraies, au bord des canaux et des rivières, d'où elles appellent celles qui passent, et font ensemble un chamaillis bruyant jusqu'à la nuit tombante. Dans les matinées claires d'octobre, on les entend passer en l'air, quelquefois fort haut, se réclamant, s'appelant sans cesse; elles partent alors, car elles nous quittent aux approches de l'hiver, et cherchent d'autres éléments.

En cage, on nourrit et on élève ces oiseaux de la même manière que le rossignol, excepté cependant qu'il est nécessaire de leur donner de temps en temps de la pâtée composée de millet bien broyé et bien tamisé et du colifichet.

LA HUPPE OU PUPUT

Comme la huppe a beaucoup de plumes, elle paraît plus grosse qu'elle n'est en effet ; sa taille approche de celle d'une grive. Sa huppe est longitudinale, composée de deux rangs de plumes égaux et parallèles entre eux; les plumes du milieu de chaque rang sont les plus longues, en sorte qu'elles forment, étant relevées, une huppe arrondie en demi-cercle; toutes ses plumes sont rousses, terminées de noir; celles du milieu et les suivantes en arrière ont du blanc entre ces deux couleurs; il y a, outre cela, six ou huit plumes encore plus en arrière, appartenant toujours à la huppe, lesquelles sont entièrement rousses et les plus courtes de toutes.

Le reste de la tête et toute la partie antérieure de l'oiseau sont d'un gris tirant, tantôt au vineux, tantôt au roussâtre; le dos est gris dans sa partie antérieure, rayé transversalement dans sa partie postérieure de blanc sale sur un fond rembruni; il y a une plaque blanche sur le croupion; les couvertures supérieures de la queue sont noirâtres; le ventre et le reste du dessous du corps d'un blanc roux; les ailes et la queue noires rayées de blanc; le fond des plumes ardoisé.

La durée de la vie de la huppe est d'environ trois ans. Le mâle se distingue de la femelle en ce qu'il a la tête plus ronde, la crête plus haute et les couleurs plus vives. Ces oiseaux sont de passage. Ils habitent la campagne, tantôt les plaines, quelquefois même les grands chemins et les jardins; ils ramassent dans le fumier les vers qui s'y trouvent, ils s'en nourrissent, de même que de chenilles, de fourmis et de raisin pendant la saison d'automne, ils en sont quelquefois si étourdis qu'ils en paraissent moitié ivres.

La huppe fait son nid dans les trous des arbres et des murailles solitaires, elle le construit avec du bois pourri ou de la vermoulure d'arbres; elle y dépose depuis deux jusqu'à sept œufs, mais le plus communément quatre ou cinq; ces œufs sont grisâtres, un peu moins gros que ceux de perdrix.

On a dit il y a longtemps, et on a beaucoup répété, que la huppe enduisait son nid des matières les plus infectes, de la fiente de loup, de renard, de cheval, de vache, bref, de toutes sortes d'animaux, sans excepter l'homme, et cela, ajoute-t-on, dans l'intention de repousser, par la mauvaise odeur, les ennemis de sa couvée ; mais le fait n'est pas plus vrai que l'intention, car la huppe n'a point l'habitude d'enduire l'orifice de son nid. D'un autre côté, il est très-vrai qu'un nid de huppe est très-sale et très-infect, inconvénient nécessaire, et qui résulte de la forme même du nid, lequel a souvent trente deux, quarante et quarant-huit centimètres de profondeur ; lorsque les petits viennent d'éclore et sont encore faibles, ils ne peuvent jeter leur fiente en dehors, ils restent donc fort longtemps dans leur ordure, et on ne peut guère les manier sans s'infecter les doigts ; d'ailleurs, ils sont bons à manger, leur odeur n'étant que superficielle.

Ces oiseaux muent tous les ans, c'est la raison pour laquelle on ne les voit pas un certain temps de l'année ; ils passent néanmoins pour des oiseaux de passage ; ils volent longtemps, et dans leur vol on dirait qu'ils vont par sauts et par bonds ; ils poussent un cri enroué qu'on entend de fort loin. Quand on les apprivoise dans les maisons, ils y font la chasse aux mouches, de même qu'aux souris ; ils annoncent la pluie par leur gémissement.

Lorsqu'on veut élever des huppes à la maison, on les lâche dans quelques jardins, ou du moins on les tire hors de la cage, et on leur met dans un auget du cœur coupé par petits morceaux longuets, ou des vers, et de l'eau dans un autre.

LE MARTIN-PÊCHEUR

Le martin-pêcheur est le plus bel oiseau de nos climats, et il n'y en a aucun en Europe qu'on puisse comparer au martin-pêcheur pour la netteté, la richesse et l'éclat des couleurs; elles ont les nuances de l'arc-en-ciel, le brillant de l'émail, le lustre de la soie; tout le milieu du dos, avec le dessus de la queue, est d'un bleu clair et brillant, qui, aux rayons du soleil, a le jeu du saphir et l'œil de la turquoise; le vert se mêle sur les ailes au bleu, et la plupart des plumes y sont terminées et ponctuées par une teinte d'aigue-marine; la tête et le dessus du cou sont pointillés, de même, de taches plus claires sur un fond d'azur.

Le martin-pêcheur ne fait point de nid, il dépose simplement ses œufs au bord des rivières ou des ruisseaux, dans des trous creusés par les rats d'eau ou par les écrevisses, qu'il approfondit lui-même, et dont il maçonne et rétrécit l'ouverture. Sa ponte est de sept œufs; il vit de petits poissons, de vers et d'autres petits animaux qui habitent les eaux; c'est pour cette raison qu'il se repose le long des bords des rivières et des fossés, sur quelque arbre ou rocher peu élevé pour qu'en examinant de cet endroit sa proie, il puisse plus facilement l'attraper en s'élançant à propos. On le rencontre, pendant l'hiver, le long des fossés auprès des habitations, surtout pendant le temps de la glace et du froid; mais, pendant l'été, il habite les lieux retirés et frais, principalement le long des eaux.

Pour pêcher, il se tient ordinairement sur une branche avancée au-dessus de l'eau, il y reste immobile, et épie souvent deux heures entières le passage d'un petit poisson ; il fond sur cette proie en se laissant tomber dans l'eau, où il reste plusieurs secondes ; il en sort avec le poisson au bec qu'il porte ensuite à terre contre laquelle il le bat pour le tuer avant de l'avaler.

Son vol est rapide et filé; il suit ordinairement les contours des ruisseaux, en rasant la surface de l'eau. Il crie en volant d'une voix perçante et qui fait retentir les rivages. La durée de la vie de cet oiseau est de quatre ou cinq ans; plusieurs personnes en font dessécher et les attachent au plafond de leurs chambres pour la beauté de leur plumage, d'autres les placent ainsi desséchés dans leurs magasins d'étoffes : ils prétendent garantir par là leurs marchandises de teignes ou de mites.

LE PROYER

Le proyer est un oiseau de passage, un peu plus gros qu'une alouette commune, mais qui en approche beaucoup par la couleur de son plumage, ou, pour mieux dire, il est d'une couleur de terre.

La manière dont cet oiseau chante n'est pas différente de celle du tarin, mais c'est avec une voix pleine, quoique cependant il ne fasse pas durer son chant autant que le tarin. Au reste, le cri qu'il fait ordinairement en piaillant est tout à fait semblable à celui qu'on entend faire aux sauterelles dans les prés ; il répète continuellement : tritri, tritri, tritri, etc.

Il fait son nid par terre comme les alouettes, surtout dans des champs semés d'avoine et de millet, et rarement dans des buissons, et il y dépose ordinairement six œufs ; il se nourrit, à la campagne, de diverses semences et de vers, et il mange aussi avec plaisir de l'orge et du millet, et, quand on le nourrit en cage, on lui donne des criblures. Cet oiseau se tient presque toujours à terre, et se plaît mieux dans les prés et sur les bords des ruisseaux qu'ailleurs. Quand il vole, il laisse pendre ses jambes, contre la coutume des autres oiseaux de terre. Il aime beaucoup aussi à se trouver dans les luzernes et les sainfoins. Dans le temps de la moisson, il va par bandes et fait beaucoup de ravages dans les grains, surtout dans les avoines.

Le proyer est ordinairement gras et bon à manger ; certains chasseurs l'estiment presque autant que le véritable ortolan ; il est aisé à tuer, parce qu'il est pesant et qu'il vole mal, et, en cage, il s'engraisse si fort qu'il meurt du gras fondu.

Les oiseleurs ont l'habitude de le mettre en cage pour le service du filet ; c'est un excellent appelant pour en attraper d'autres, même d'espèces différentes. Les cages où ils le mettent sont basses, et elles n'ont pas de bâton de traverse, comme les autres cages qu'on destine aux alouettes.

LES BENGALIS

Les bengalis sont originaires du Bengale, mais il en vient principalement de la côte de Guinée; ces oiseaux vivent toujours en très-bonne intelligence les uns avec les autres et l'on peut en avoir dans la même cage une certaine quantité sans aucun inconvénient. Ils perchent généralement les uns à côté des autres; leur chant agréable et doux ressemble un peu à celui de la fauvette et n'est point interrompu par l'hiver.

En volière les bengalis s'arrangent très-bien d'un nid de fauvette ou de rossignol que l'on recouvre avec un second nid renversé auquel on fait un petit trou afin qu'ils puissent y pénétrer.

Les parents nourrissent leurs petits avec du millet dont ils décortiquent les grains avant de les leur insinuer dans le bec; malheureusement ils reproduisent assez rarement en captivité.

Les bengalis sont pour la volière un grand ornement : « la beauté de leur plumage, leur animation, leurs couleurs variées, les caresses qu'ils se font continuellement, leurs mouvements gracieux et jusqu'aux petites luttes qu'ils soutiennent entre eux nous intéressent vivement, les font agréables à nos yeux, chers à nos cœurs et doux à notre pensée. Ils nous apprennent à sourire aux aspérités de la vie, par leur résignation mélancolique, mais tranquille et faisant place à des intermittences joyeuses. Gardons-nous bien, par un mouvement de tendre compassion, d'ouvrir la porte de leur volière; la liberté pour eux sans la patrie, c'est la privation d'une nourriture qu'ils ne sauraient trouver, c'est la souf-

8.

france dans un climat inhospitalier, c'est la mort. La patrie pour eux, maintenant, est dans nos soins et dans la sincérité de notre affection. » (Mercier, *Les petits oiseaux de volière.*) Parmi les principales espèces de bengalis nous citerons :

BENGALI VENTRE BLEU.

Son bec comprimé sur les côtés est très-pointu et de couleur chair, les pattes sont d'un bleu clair, le dessus de la tête et du corps est cendré avec un reflet pourpré, le dessous du cou, la poitrine et le ventre bleu clair, les côtés sont tachetés d'un brun gris. Une tache courbe d'un rouge pourpre s'étend du dessous des yeux jusqu'au derrière de la tête. La queue est d'un bleu plus foncé que la poitrine et le ventre.

Les femelles n'ont point de taches sous les yeux.

LE BENGALI PIQUETÉ.

Son bec est rouge vif, les pattes couleur chair, son plumage est généralement brun en dessus avec les ailes couvertes de points blancs. La poitrine est rouge, le ventre jaunâtre, le croupion rouge semé de points blancs..

La femelle a le ventre gris jaunâtre, le croupion est moins rouge que chez le mâle et elle n'a des points blancs que sur les ailes ; enfin elle est un tiers plus petite que le mâle.

Cet oiseau varie ses couleurs pendant plusieurs années avant d'être fixé à celles que nous venons d'indiquer ; suivant leur âge on en voit qui ont le dos gris teinté de rouge et le ventre brun mêlé de jaune.

On nourrit tous les bengalis de chènevis écrasé, d'alpiste et de graines de pavot, de millet et de mouron. Ils boivent beaucoup et il faut leur donner souvent de quoi se baigner.

LES VEUVES

A COLLIER D'OR DU SÉNÉGAL.

Ces jolis oiseaux sont de la grosseur du chardonneret, ils ont la tête, le dos, les ailes et la queue d'un noir foncé, le collier et le dessous du corps d'un jaune roux vif, le ventre blanc.

Les deux plumes du milieu de la queue sont beaucoup plus longues que les autres. Le bec est plombé, l'iris marron, les pattes sont couleur chair.

La *femelle* est brune et n'acquiert entièrement son plumage propre qu'à la troisième année ; tant qu'elle est jeune, il est presque semblable à celui du mâle en hiver.

« Cet oiseau, dit Bechstein, est sujet à deux mues par an : à la première, qui a lieu en novembre, le mâle perd sa longue queue pour six mois ; sa tête est rayée de noir et de blanc, le reste de son plumage est un mélange de noir et de rougeâtre ; à la seconde mue, qui arrive assez tard au printemps, il reprend son habit d'été tel qu'il est décrit plus haut, mais les plumes de la queue n'atteignent leur parfaite longueur qu'au mois de juillet et tombent déjà en novembre. Les veuves sont des oiseaux très vifs et toujours en mouvement ; ils lèvent et baissent continuellement leur longue queue, nettoient souvent leurs plumes et se plaisent à se baigner. Leur chant faible et mélancolique est assez agréable. On peut conserver les veuves huit à douze années en les nourrissant avec l'alpiste, le millet, le gruau d'orge, sans oublier d'y ajouter de temps en temps de la laitue, de la chicorée ou autre verdure. Pour ne pas gâter leur queue, il faut qu'ils aient une cage assez spacieuse.

VEUVE DOMINICALE.

Un peu plus petite que la précédente, cette espèce est aussi plus rare.

Le plumage du mâle est d'un noir brillant, à l'exception du collier, des côtés du cou et du ventre, qui sont d'un blanc sale, quelquefois d'un blanc pur ; la queue est noire aussi, ses deux plumes intermédiaires terminées en pointe sont beaucoup plus longues que les autres, elles ont les pointes blanches et jaunâtres. Le bec est rouge, les pieds noirs.

La femelle, entièrement brune, a les plumes de la queue d'égale longueur et beaucoup de ressemblance avec le jeune mâle.

Soumis aussi à deux mues par an, en juillet et novembre, le mâle perd sa longue queue pendant six mois, mais il conserve le bec rouge.

Cet oiseau exige les mêmes soins que la veuve à collier d'or et chante aussi d'une manière fort agréable.

VEUVE BLEUE.

Tout le plumage, dit Bechstein, est du plus beau bleu, plus foncé et plus brillant encore au sommet de la tête ; les grandes pennes sont brunes, bordées de bleu ; la queue est brune avec une teinte claire, le bec plombé obscur, les pattes brunes ; longueur, 13 centimètres.

La femelle ressemble par ses couleurs à la linotte, ainsi que le mâle pendant la mue ; car il n'est bleu que quand son plumage est dans toute sa perfection ; cependant on le distinguera toujours facilement par la bande des ailes d'un gris moins foncé que chez la femelle.

Son chant fort agréable et la beauté de son plumage la rendent précieuse pour les amateurs. Sa nourriture se compose d'alpiste, de millet, de graines de pavot et de chènevis écrasé.

LE CARDINAL

Ce nom a été donné à un certain nombre d'oiseaux, parce qu'il y a beaucoup de rouge dans leur plumage, tous ou presque tous appartiennent à l'ordre des passereaux, mais à des genres bien différents, c'est ce qui a jeté une grande confusion dans la distinction des noms. Les principaux sont :

LE CARDINAL HUPPÉ DE LA CAROLINE OU ROSSIGNOL DE VIRGINIE.

Son plumage est entièrement rouge-pourpre, le dos, les ailes et la queue sont plus foncés que le ventre. Le bec est fort et de couleur rouge claire ainsi que les pattes, la tête est ornée d'une petite huppe relevée et pointue, également rouge.

« Le chant superbe de ce gros bec, dit Bechtein, a tant de ressemblance avec celui du rossignol, qu'on l'a surnommé le rossignol de Virginie, mais sa voix est si forte qu'elle perce les oreilles ; elle se fait entendre pendant toute l'année hors le temps de la mue. Dans l'état sauvage, il fait sa principale nourriture de graines de maïs et de sarrasin, dont il rassemble même une provision considérable, qu'il couvre artistement de feuilles et de branchages, ne laissant qu'un petit trou oblique pour entrer dans ce magasin. On le nourrit en cage de millet, navette, chènevis, blé, maïs et sarrasin. »

Les cardinaux se reproduisent très-difficilement en volière, il la leur faut très-spacieuse afin qu'ils puissent y trouver toutes les apparences de la liberté, des branches d'arbres, du sable, du gazon, etc.

La femelle pond (ce qui est très-rare en cage) de trois à

cinq œufs gris blanchâtre pointillés de noir et elle les couve pendant vingt et un à vingt-trois jours. Les petits, une fois éclos, sont très-difficiles à élever, car il arrive souvent que le mâle, furieux de ce que les occupations de sa femelle la rendent insensible à ses caresses, l'empêche de pourvoir à leurs besoins.

LE CARDINAL DU CAP.

Cet oiseau est de la grosseur d'un moineau ordinaire, son bec est noir, la tête, la poitrine et le ventre d'un beau noir velouté, la gorge, le sommet de la tête et de la poitrine, le croupion et la queue d'un beau rouge vif et brillant, les pennes sont d'un brun terne avec leur bord externe blanc-roux.

On nourrit ces oiseaux avec des graines d'alpiste, ils ne reproduisent pas dans nos climats.

DIAMANT ORDINAIRE DE L'AUSTRALIE.

Bec conique sanguin, tête grise, gorge blanche, un trait noir entre le bec et l'œil. Dos et dessus des ailes d'un gris roussâtre, une bande noire sur la poitrine, ventre blanc, flancs noirs picquetés de blanc, croupion rouge, queue noire. Il est très-difficile de ne pas confondre le mâle avec la femelle; cette dernière paraît plus mince et semble posséder moins de points blancs aux flancs.

Nourriture : blé, millet, alpiste, navette et mouron.

La femelle fait trois ou quatre pontes successives de trois ou quatre œufs chacune, l'incubation dure dix-sept jours; les jeunes sortent du nid seize jours après l'éclosion et prennent leur plumage définitif un mois après. Le mâle partage avec la femelle les soins de l'incubation et de l'éducation des jeunes et protége sa famille contre les autres oiseaux qui viennent les déranger. Les petits s'élèvent très-bien avec des œufs de fourmis, du pain au lait et des jaunes d'œufs.

(M. Leisenreing, de Versailles.)

LA VOLIÈRE

On appelle volière un lieu fermé par du fil de fer, ou une vaste cage divisée en plusieurs compartiments, dans laquelle on renferme des oiseaux qu'on nourrit pour son plaisir. Elle doit être exposée au soleil levant et du midi, afin que les oiseaux profitent des rayons du soleil aussitôt qu'il paraît sur l'horizon, et à l'abri du nord. Vous y pratiquerez néanmoins quelques retraites murées, pour que les oiseaux puissent s'y rendre pendant les grandes chaleurs de l'été et les grands froids de l'hiver; vous ferez peindre l'intérieur de cette retraite en bleu céleste et en paysage, ou au moins en violet, en vert ou blanc de céruse. Vous placerez en dedans de la volière, sur le plancher, le long du mur, ou le long des parois si c'est une cage, des augets proportionnés à la grandeur de la volière et à la quantité des oiseaux; dans l'un de ces augets, vous mettrez du grain et des criblures, dans l'autre du millet et du panis, dans le troisième du chènevis et de l'alpiste, et dans le quatrième du sable mêlé avec des branches d'arbres, à la hauteur de deux doigts ou un peu plus : ce dernier auget aura ses rebords plus haut, pour que les oiseaux en se vautrant ne jettent rien dehors.

Vous mettrez dans les abreuvoirs de cette volière, qui devront aussi être proportionnés à la quantité d'oiseaux, de la bonne eau, vous nettoierez ces abreuvoirs tous les trois jours au moins et vous en changerez l'eau. Mais, comme il est dangereux pour les oiseaux de se baigner pendant l'incubation, vous aurez recours alors aux abreuvoirs recouverts d'un bord doublé de fer-blanc, dans lequel vous pratiquerez plusieurs petits trous, vous attacherez en même temps, dans l'endroit qui est le plus commode pour manger, de la chicorée sauvage, des bettes, du laitron, de la laitue et autres herbes semblables, avec quelques petits paquets de graine de plantin ou de panis ; vous placerez en outre dans la volière deux barres de fer, qui la traversent totalement et qui soient attenantes au mur et à l'entrée de la cage ; ces barres, outre qu'elles servent de soutien, sont fort commodes pour percher les oiseaux ; vous attacherez aussi avec une ficelle, aux deux traverses de fer, quatre ou cinq paniers revêtus de verdure.

Vous ferez nettoyer la volière de temps en temps, et les bâtons sur lesquels les oiseaux se perchent ; il sera encore très à propos de placer au milieu de chaque compartiment de la volière un bâton postiche, qui puisse s'ôter et se remettre facilement. Vous ferez en sorte que la couverture de cette volière soit assez vaste pour garantir les oiseaux des pluies qui tombent avec abondance ou pendant les orages ou par des vents violents.

Pour peupler une volière, on ne choisit ordinairement que les oiseaux remarquables par la mélodie de leur ramage, et qui se nourrissent de grains ; les autres, ou n'ont rien qui les fasse rechercher, ou sont trop difficiles à nourrir.

Les oiseaux que l'on préfère, parce que ce sont ceux qui réussissent le mieux en volière, sont : le chardonneret, le bouvreuil, le tarin, le linot, le pinson, le verdier, l'alouette, le bruant.

Les oiseaux qui sont portés à faire du bruit, à exciter du trouble dans la volière, comme le moineau franc, ou qui ont du goût pour la chair comme les mésanges, ne devront pas y être admis ; une seule mésange aurait bientôt bouleversé la volière de fond en comble, tué ou blessé un grand nombre de ses compagnons de captivité.

Les volières ne sont guère propres que pour y entretenir les oiseaux qu'on prend plaisir à y voir voltiger et à entendre chanter, mais elles ne conviennent pas pour propager les espèces, car elles se nuisent les unes aux autres.

LA CAGE.

Elle ne renferme généralement qu'une seule espèce d'oiseaux. On choisit pour cela des espèces plus privées, telles que le serin, le bengali, les oiseaux des Iles. La plupart des soins indiqués pour la volière s'appliquent aussi à la cage, qui elle ne quitte jamais l'appartement ou la fenêtre.

MALADIES DES OISEAUX

SYMPTOMES. — REMÈDES.

Les oiseaux sont sujets à être atteints des maladies suivantes : abcès, mal d'yeux, le rhume, la constipation, la goutte, l'avalure, la mue, le bouton, la gale, la pépie, le flux de ventre, les mites, l'amour, le tic, la langueur, fractures, le mal caduc, l'asthme, la peau cassée.

Abcès. Les oiseaux ont souvent un abcès sur la tête. Quand cet abcès commence à paraître, il n'est pas plus gros qu'un grain de chènevis, mais dans la suite il devient souvent aussi gros qu'un pois chiche ; il vient ordinairement aux oiseaux qui ont une complexion chaude.

Remède. Vous prenez alors un fer de la grosseur de l'œil de l'oiseau, ou un peu moins, vous le faites rougir au feu pour en toucher l'endroit affecté ; l'abcès se dessèche bien vite par ce moyen, s'il est aqueux, et ne se conserve pas moins s'il est plâtreux ; lorsque la cautérisation est faite, vous l'oignez avec du savon noir fondu, ou avec de l'huile mêlée avec de la cendre chaude.

Mal d'yeux. Il survient aux jeunes oiseaux de petits boutons dans les yeux.

Remède. Mettez dans leur abreuvoir du suc de bette pendant quatre jours, mêlé avec un peu de sucre, et touchez leurs yeux avec le lait de figuier, ou avec de l'écorce d'orangè, ou du verjus, ou bien vous les laverez avec de l'eau dans laquelle vous aurez fait bouillir de l'ellébore blanc, ou simplement avec de l'eau de vigne ; quelques personnes se contentent de mettre dans leur cage de petites branches de figuier coupées, pour que les oiseaux s'y frottent d'eux-mêmes l'œil, par un instinct naturel, et par là ils guérissent.

Rhume. Quelquefois les oiseaux s'enrhument et perdent leur chant.

Remède. Donnez-leur pendant deux jours une décoction avec des jujubes, des figues sèches, de la réglisse concassée, de l'eau commune et un peu de sucre, vous continuerez de leur en donner encore pendant deux ou trois autres jours avec du suc de bette ; vous les tiendrez la nuit à l'air, si c'est l'été, mais vous aurez soin de les garantir de la rosée ; dans toute autre saison, vous vous en garderez bien.

Constipation. Les oiseaux sont ordinairement constipés ; cette maladie est produite par une trop grande quantité de nourriture sèche, telle que le chènevis et l'alpiste. On s'aperçoit facilement qu'un oiseau en est atteint par les efforts qu'il fait pour fienter.

Remède. Mettez-leur une plume frottée d'huile commune dans l'anus, deux fois le jour pendant deux jours, et vous leur donnerez en même temps, pendant deux jours, du suc de bette.

La goutte se connaît aux pieds enflés de l'animal, raboteux et de couleur de plâtre ; il a alors bien de la peine à se soutenir sur ses pattes, et ses plumes sont toutes hérissées par la douleur qu'il ressent.

Remède. Lavez-leur les pieds deux fois par jour avec une décoction de racine d'ellébore blanc dans de l'eau commune; vous emploierez cette décoction chaude, et vous répéterez l'opération pendant quatre ou cinq jours. Si vous ne voulez pas prendre les oiseaux avec les mains, vous leur frotterez simplement les pieds avec un pinceau ; à défaut de racine d'ellébore, vous vous servirez d'eau de vigne pour laver les pieds de l'oiseau malade.

L'AVALURE. Les maladies des oiseaux sont en grand nombre : la première est l'avalure; cette maladie est d'autant plus dangereuse, que les remèdes qu'on y peut apporter ne servent qu'à prolonger leur vie de quelques jours; elle vient ordinairement à ces oiseaux un mois ou six semaines après qu'ils sont nés; le signe de cette maladie est extérieur : ceux qui en sont attaqués se trouvent très-maigres, ils ont le ventre clair, très-gros, fort dur, et couvert de petites veines rouges, leurs boyaux se trouvent descendus à l'extrémité de leur corps; ces oiseaux ne laissent pas souvent de bien manger, quoiqu'ils aient cette infirmité, mais ils n'en meurent pas moins si l'on n'emploie pas, au plus tôt, les remèdes propres à cette maladie.

Plusieurs causes peuvent y contribuer : la première provient de ce que les oiseaux ont le corps brûlé en dedans, parce qu'on leur a donné une nourriture trop succulente pendant qu'on les élevait à la brochette. La seconde provient de ce que les jeunes oiseaux trouvent si fort à leur goût tout ce qu'on leur donne, lorsqu'ils commencent à manger seuls, qu'ils en mangent en trop grande quantité. Lors donc qu'on a de jeunes oiseaux qui mangent continuellement, pour obvier à cette maladie on ôte de leur cage ce dont on s'aperçoit qu'ils mangent le plus, et on ne le leur remet que de temps à autre, sans leur en faire une habitude ; si, malgré ces précautions, ils tombent dans cette maladie, on aura recours aux différents remèdes ci-après :

Remèdes. Lorsqu'on a un oiseau attaqué de cette maladie, ce qu'on reconnaît aux signes caractérisés ci-dessus, notamment lorsqu'en soufflant les plumes du ventre, on voit ses boyaux fort rouges et tortillés, on peut prendre alors gros comme un pois d'alun et on le met fondre dans son eau ; on lui renouvelle cette eau tous les jours, pendant l'espace de trois à quatre jours : ce remède est très-bon.

Ou bien on lui met, pour remède, un morceau de fer dans son eau, et on change cette eau deux fois la semaine, en laissant toujours le clou.

Certaines personnes ôtent, le soir, la boisson ordinaire de l'oiseau malade, et, lui remettant de l'eau salée le lendemain matin, l'oiseau ne manque pas de boire d'abord quelques gouttes, et lorsqu'il en a bu plusieurs fois, on lui ôte cette eau salée et on lui remet de l'eau ordinaire. On continuera ainsi pendant cinq ou six jours, et, en cas qu'on ne trouve point d'amendement, on lui donnera le composé suivant :

Après avoir ôté sa graine ordinaire, on lui présentera du lait bouilli avec de la mie de pain en égale quantité, et on lui mettra aussi de l'alpiste bouilli en pareille quantité, dans un petit pot au milieu de la cage ; on lui donnera cette nourriture pendant quatre ou cinq matinées de suite, et l'après-midi on lui remettra sa graine ordinaire dans son auget ; après les cinq jours, on jettera dans son eau, à six heures du matin, gros comme la moitié d'une lentille de thériaque, et on la lui laissera jusqu'à ce qu'on l'ait vu boire une fois ou deux ; on continuera cette boisson au moins trois jours de suite, après quoi on lui donnera une nourriture apprêtée de la manière suivante : on prend une pincée de millet, autant de graine d'alpiste, quelque peu de navette avec quelques grains de chènevis, le tout mêlé ensemble ; on fait bouillir ces graines dans l'eau un ou deux bouillons, et on change la première eau pour rincer cette graine dans une eau fraîche; on fait durcir un œuf frais, on en écrase le jaune et le blanc ensemble, n'en mettant au plus qu'un quartier; on ajoute à tout cela un petit morceau de biscuit dur, plein une coquille de noix de graine de laitue, avec autant de graine d'œillette, et, après avoir composé avec le tout une pâte, on en donne à l'oiseau malade, et on y joint quelques feuilles de chicorée bien jaune; il faut réitérer ce remède pendant tout le temps de la maladie.

Ou bien on donnera à l'animal malade de la noix concassée avec de l'alpiste bouilli, après quoi une feuille de chou blanc et du cèleri. Un de mes amis s'y prend de la manière suivante pour traiter l'oiseau attaqué de l'avalure : il lui fait d'abord tous les remèdes indiqués ci-dessus; il prend en outre son oiseau malade et lui met, sans différer davantage, le derrière et tout le ventre dans du bon lait tiède, pour que cela puisse pénétrer un peu sa peau; après l'y avoir laissé un demi-quart d'heure au plus, il l'en retire ensuite et le lave dans de l'eau claire de fontaine, un peu tiède; après quoi il se sert d'un linge fin, qu'il chauffe, pour l'essuyer par tout le corps; il remet alors son malade, qui est un peu agité, dans une cage qu'il expose près du feu ou au soleil; l'oiseau étant revenu dans sa première tranquillité, et étant bien sec, il le remet à sa place ordinaire, en lui donnant de la graine de laitue abondamment; après l'avoir laissé reposer le lendemain toute la journée, il recommence la même chose le troisième jour, et il la réitère même une troisième fois, en laissant néanmoins entre chaque fois un jour d'intervalle, tant pour le repos de l'oiseau que pour donner au remède le temps d'opérer. Ce remède est très-souverain.

La MUE est une maladie qui n'est pas moins dangereuse aux oiseaux que l'avalure. Cette maladie fait autant de ravages sur ces oiseaux que la maladie des dents sur les petits enfants. Dans le temps de la mue, qui commence à les prendre cinq ou six semaines après qu'ils sont nés, et qui dure plus de deux mois, on les voit tout bouffis, mélancoliques, et souvent endormis pendant le jour, mettant la tête dans leurs plumes; on trouve leurs cages remplies de petit duvet : les jeunes ne jettent que le duvet la première année, et à la seconde ils jettent les grosses plumes, telles que celles de leurs ailes et de leur queue; ils sont alors fort dégoûtés, ils ne mangent pas, ils ne touchent pas même à ce qu'ils aiment le mieux lorsqu'ils se portent bien; c'est là l'état le plus triste où les oiseaux puissent se trouver : ils se voient tout dépouillés de leurs plumes dans le temps où le froid se fait souvent sentir.

Remède. Lorsqu'un oiseau est dans sa mue, il faut l'exposer au soleil, ou, s'il n'en fait point, le mettre dans un lieu chaud où il n'y ait aucun vent, car le moindre froid peut alors lui devenir mortel. On lui met, dans un petit pot à pommade, au milieu de sa cage, pendant tout le temps de sa mue, de la graine d'argentine mêlée avec un peu de graine d'œillette. On lui donne, un autre jour, un peu de biscuit et d'échaudé sec, et on lui en met aussi détremper dans du vin blanc : lorsqu'il en mange, cela lui fait un grand bien; on aura soin aussi de lui souffler trois fois la semaine, en laissant un jour d'intervalle entre chaque fois, du vin blanc sur le corps, et aussitôt on le met sécher au soleil ou devant le feu. Si on le voit bien malade, on lui fait avaler, tous les trois jours, trois ou quatre gouttes de vin blanc, dans lequel on fera fondre un petit morceau de sucre candi ou autre; on jettera dans son abreuvoir un peu de réglisse nouvelle bien ratissée, elle donne une saveur à l'eau sans la trop échauffer; et quand, malgré cela, on ne remarque aucun amendement à l'oiseau, on lui donne toutes sortes de nourritures, telles que des œufs durs, blanc et jaune, échaudé, un peu de graine de laitue, du chènevis concassé, de l'alpiste, de la graine bouillie et autres, etc.

Le BOUTON est une autre maladie propre aux oiseaux;

c'est une espèce de bouton qui se forme sur le croupion ; il faut laisser agir la nature, c'est-à-dire laisser percer le bouton de lui-même. Cependant, si on s'aperçoit que les oiseaux sont bouffis sans être dans le temps de la mue, on regardera sous leur croupion, et, quand on s'aperçoit que c'est cet abcès, on tâchera de les soulager le plus promptement possible. Il arrive quelquefois que ces oiseaux sont si malades, qu'ils n'ont pas la force de percer eux-mêmes le bouton, et, si on ne les seconde, ils en meurent ; ce qui leur provient souvent, ou de mélancolie, se trouvant placés dans un lieu sombre, ou de ce qu'on ne les purge pas assez souvent.

Remède. Quand l'oiseau est attaqué d'un abcès qui se forme sur le croupion et lorsqu'on s'aperçoit qu'il ne chante plus, qu'il est même fort malade, on le prend dans les mains, et, avec une pointe de ciseaux, on lui coupe adroitement la moitié du bouton qui est blanc, on en fait ensuite sortir le pus en le pressant un peu avec le doigt, et on met aussitôt sur la plaie un petit grain de sel fondu dans la bouche, ce qui fera sécher certainement le mal ; si on s'aperçoit que l'oiseau souffre un peu parce que le sel lui cuit, on peut, une heure après ou environ, mettre sur son mal une petit morceau de sucre fondu avec la salive, cela adoucit l'âcreté du sel et achève de sécher la plaie.

La GALE. Il arrive quelquefois que les oiseaux se trouvent avoir quelques gales jaunes à la tête et quelquefois même autour des yeux ; quand ces gales se trouvent trop étendues, il n'y a rien à faire, il faut tout attendre du temps et des nourritures rafraîchissantes. Ces oiseaux sont aussi souvent malades et deviennent maigres par la grande quantité de petits insectes qui se forment dans leurs plumes, ce dont il est facile de s'apercevoir lorsqu'on les voit s'éplucher à tous les instants du jour.

Rien n'est plus commun que de voir des oiseaux d'une cage neuve devenir malades et mourir quelquefois même peu de jours après qu'on les y a mis ; on tâche alors de leur procurer du secours par les remèdes qu'on leur donnera, mais ils n'en meurent pas moins. La cause de leur maladie est interne, c'est la raison pour laquelle la plupart des curieux ne s'y connaissent pas ; elle provient ordinairement de ce que la cage se trouve construite, tout récemment, de vieilles douves de tonneaux où il s'est trouvé renfermé, pendant plusieurs années, du vin ; ce bois conserve toujours en lui-même une odeur forte et vineuse qui étourdit et enivre les petits oiseaux ; aussi y meurent ils la plupart en peu de jours, et quoique quelquefois les pères et mères s'habituent à vivre dans cette cage, cela n'empêche pas que les petits, étant plus délicats, y périssent ordinairement. Rien n'est plus naturel, pour éviter de pareils accidents, que de ne point se servir, pour construire ces cages, de pareils bois.

Si la gale qu'on remarque sur la tête de l'oiseau ne se trouve pas plus grosse qu'un grain de chènevis, on peut, avec une pointe de ciseaux, l'ouvrir ; on en fait sortir le pus, ensuite on l'amollit avec de l'huile d'amandes douces, du saindoux, de la graisse de chapon ou du beurre frais.

La PÉPIE chez les oiseaux n'est autre chose qu'un chancre qui vient dans leur bec, ce qui leur provient d'un trop grand feu dans les entrailles.

Remède. Pour les guérir de cette maladie, il ne faut que les rafraîchir ; on leur donnera à manger de la graine de laitue : on mettra dans leur boisson une pincée de graine de melon pendant trois ou quatre jours. Lorsqu'on s'apercevra qu'ils se porteront mieux, on aura soin de leur ôter cette eau et on leur en donnera d'autre en place où il y ait un peu de sucre candi ; on leur continuera cette boisson pendant cinq à six jours.

Le FLUX DE VENTRE est aussi une maladie commune aux oiseaux : quand ils en sont attaqués, ils remuent et serrent leur queue, et sont bouffis.

Remède. Si ce flux leur continue, on leur arrachera les plumes de la queue et celles qui sont autour de l'anus ; on graissera leur anus avec de l'huile d'amandes douces ou du beurre frais, ensuite on leur donnera de la graine de laitue ou de melon ; pendant l'espace de quatre ou cinq jours, on leur présentera aussi à manger du jaune d'œuf dur, et on ne leur laissera qu'un peu de leur manger ordinaire, surtout pendant les trois premiers jours.

Les MITES. On emploie plusieurs petits remèdes pour débarrasser les oiseaux des insectes connus sous le nom de mites. On aura d'abord le soin de les tenir toujours proprement, c'est-à-dire de nettoyer la cage où ils sont deux ou trois fois la semaine et de changer souvent leur sable ; on leur laissera aussi, pendant toute l'année, des bâtons de sureau ou de figuier qu'on aura soin de percer de distance en distance avec la pointe d'une aiguille, on en videra toute la moelle et on ôtera l'écorce qui est dessus pour les rendre plus polis ; on ratisssera au moins deux fois la semaine et on secouera les bâtons pour faire sortir le peu de mites qui pourraient y séjourner ; on pourra encore mettre un linge blanc le soir dans la cage ; il est sûr que, s'il y a des mites, on les verra le lendemain attachées sur ce linge ; mais, comme il y a des oiseaux qui pourraient s'effaroucher de pareils linges dans leurs cages, on pourra substituer à ce procédé le remède suivant :

Remède. Avant de mettre les oiseaux dans leur cage, si elle est vieille, on la lavera fortement avec de l'eau bouillante, on en fera de même aux cages quand elles se trouvent en pareils cas ; on empêche par là que les oiseaux ne soient tourmentés des mites ; car l'eau bouillante fera périr tous les insectes avec leurs œufs. Si on avait beaucoup d'oiseaux, il serait à propos d'avoir une infirmerie.

On choisira pour cette infirmerie une cage d'une bonne grandeur, doublée dessus, au fond et des deux côtés, d'une serge épaisse, rouge ou verte, pour qu'elle ne reçoive le jour que par le devant; les barreaux de cette infirmerie seront de petits osiers et non de fil de fer ; on placera la cage au soleil si c'est l'été, et, dans l'hiver, dans un lieu où il y ait du feu ; on évitera de la mettre à la fumée : elle est très-pernicieuse aux oiseaux malades, elle fait même souvent mourir ceux qui sont en parfaite santé.

Un oiseau malade, mis dans l'infirmerie, est à moitié guéri, pour peu qu'on lui donne ce qui est approprié à la maladie. Si malgré tous ces soins l'oiseau malade vient à perdre sa chaleur naturelle, ce qu'il est facile de reconnaître par son air triste et endormi, ayant toujours le bec dans les ailes, et par son indifférence pour les aliments, on le prend alors, sans perdre de temps, et, après lui avoir fait avaler deux ou trois gouttes de bon vin blanc, on le met seul dans une petite cage qu'on appelle égrénoire, où il y aura au bas une petite peau fine d'agneau, de même qu'autour de la cage ; on le laissera reposer la nuit dans cet état, ayant encore soin de mettre la cage dans un endroit bien chaud ; le lendemain on retirera le malade pour le mettre dans une autre cage bien couverte, sans bâtons, et on ne le remettra avec les autres que quand il sera une fois en parfaite santé.

Rien n'est si commun que de voir un oiseau tomber malade au commencement du printemps, quand on est sur le point de l'accoupler, ce qui décourage souvent un amateur ; car il arrive même quelquefois que, quels que soient les soins qu'on puisse apprter à cet oiseau, il en meurt ; mais, si on lui donne un mâle, elle récupère bien vite sa santé. On en peut dire autant du mâle qui tombe malade avant d'être accouplé.

On purge les oiseaux comme les autres animaux, c'est-à-dire qu'on leur change pour un jour ou deux leur nourriture ordinaire pour leur donner de la navette toute pure, de la laitue en feuille, du mouron et seneçon; on peut même encore leur donner quelques petites feuilles de raves de même que la poirée ; et, lorsque la saison de toutes ces herbes rafraîchissantes est passée, on les remplacera par de la bonne graine de melon mondée et de la laitue. On connaît qu'il faut purger les oiseaux par les deux signes suivants : 1° quand ils ont de la peine à fienter ; 2° lorsqu'ils renversent continuellement, avec le bec, la graine qui est dans leur auge. Pendant les deux jours qu'on purge les oiseaux, on leur mettra un peu de sucre ordinaire ou du sucre candi dans leur eau ; on les purgera tous les mois.

Une excellente pâte, propre à réveiller leur appétit, est celle qu'on nomme *salègre*. On prend, pour la faire, de la terre grasse telle qu'on en donne aux pigeons, on y met une petite quantité de sel, on y joint une quantité suffisante de bon millet et d'alpiste, avec quelque peu de chènevis ; on pétrit le tout avec cette terre rouge comme si on faisait du pain ; on partage ensuite la pâte en petits pains d'environ soixante-quinze grammes au plus, on la met au four, on l'y laisse jusqu'à ce qu'elle soit bien sèche ; après l'avoir retirée, on la met refroidir, et on en peut donner à ses oiseaux dès le jour même. En la mettant dans un lieu sec, on peut la conserver pendant toute l'année sans crainte qu'elle ne se gâte.

Les oiseaux sont souvent malades pour avoir été trop bien nourris, ils deviennent alors trop gras ; lorsqu'on s'en apercevra, on leur ôtera toutes les nourritures succulentes qu'on a coutume de leur donner, comme alpiste, millet, sucre, échaudé, biscuit, etc. On substituera de la navette toute pure, et, quand ils paraissent avoir de la peine à manger, on la fait tremper pendant quelques heures avant de la leur donner.

Le TIC. Il survient quelquefois aux oiseaux une maladie pour les avoir voulu prendre brusquement : on les entend alors, quand on les tient dans la main, faire un tic semblable à ce petit bruit qui se fait ordinairement lorsqu'on tire un doigt en l'allongeant ; ce tic des oiseaux est souvent suivi de quelques gouttes de sang qu'ils jettent par le bec ; on les voit dans ce moment comme pâmés, ne pouvant remuer les ailes ; on les remettra promptement dans leur cage, on les recouvrira d'une toile un peu claire, et on les placera dans un lieu éloigné du monde pour qu'ils ne se tourmentent point, on leur mettra leur boisson et leur nourriture au bas de leur cage, après en avoir ôté les bâtons ; on aura soin alors de leur donner une bonne nourriture. Quand ces oiseaux ainsi atteints passent deux heures, ils sont hors de danger ; mais il ne s'agit pas de remédier à cette maladie, il faut prendre des précautions pour ne pas y exposer ces oiseaux.

On commencera par s'approcher de la cage dont on veut tirer les oiseaux et on les attirera de la bouche ou de la main avant de les prendre réellement. On emploie ordinairement une épuisette, qui est une espèce de petit fil fait exprès pour les prendre dans la volière. Il y a des amateurs qui font faire un petit trébuchet, ils le posent dans la volière et y mettent de l'échaudé ou du biscuit ; en peu de temps les oiseaux s'y jettent les uns après les autres et quelquefois même plusieurs ensemble. On prend ceux qui sont tombés dans le trébuchet, on les met dans une cage, on remet ensuite le trébuchet dans la volière jusqu'à ce qu'on ait attrapé celui qu'on souhaite.

La LANGUEUR. Une maladie très-commune chez les oiseaux est la langueur ; quand ils en sont attaqués, ils ont le corps gros, enflé et tout couvert de petites veines rouges, leur estomac se dessèche, ils mangent pendant le jour et ils ne s'occupent qu'à jeter avec leur bec toute leur nourriture. Cette langueur peut souvent provenir de ce qu'ils sont placés dans un lieu sombre et triste, ou de ce que, étant plusieurs mâles dans la même cage, ils ont pris de l'aversion l'un contre l'autre. Lorsque la première cause a lieu, on les égayera en les mettant dans un lieu plus clair et plus favorable à leur santé. Si c'est la dernière qui paraît, on séparera les mâles dans différentes cages ; on aura soin, en outre, jusqu'à ce que ces oiseaux soient entièrement guéris, de leur donner quelques petites douceurs à manger, et de mettre un peu de réglisse dans leur eau.

Fractures. Les oiseaux deviennent souvent éclamés, c'est-à-dire qu'ils ont une aile rompue ou une jambe cassée ; quand ils sont dans ce cas, on les gouvernera de la manière suivante : on les mettra d'abord dans une petite cage de mousse ou de menu foin, on leur ôtera les bâtons sur lesquels ils se prechent et par conséquent on leur mettra leur boisson et leur manger au bas de la cage, dans un petit coin ; on ne leur liera point la patte, lors même qu'elle serait cassée, de peur qu'il ne survienne quelque inflammation dans la ligature ; on placera la cage dans un lieu écarté et on la couvrira : la nature opérera seule la guérison.

Le mal caduc est très-dangereux pour les oiseaux, mais ils en sont rarement attaqués ; quand ce mal leur arrive, il faut, s'ils en réchappent la première fois, leur rogner les ongles et les arroser au moins deux fois la semaine avec du gros vin tiède.

Lorsque les oiseaux sont trop échauffés, on leur ôtera l'alpiste, le millet et même le chènevis, et on ne leur donnera pendant quinze jours que de la navette, de la graine de laitue, du seneçon et du mouron, pourvu qu'il soit bien mûr ; on peut aussi leur donner quelquefois des feuilles de raves et autres herbes rafraîchissantes. Il est à observer, au sujet du mouron et du seneçon, qu'il est dangereux d'en donner aux oiseaux pendant l'hiver et aux approches du printemps ; au lieu de leur faire du bien, il leur est souvent très-funeste.

Asthme. On donnera aux oiseaux asthmatiques de la graine de plantain et du biscuit dur trempé dans de bon vin blanc ; on reconnaît que ces oiseaux sont attaqués de ce mal quand ils font, plusieurs fois le jour, une espèce de petit cri qui sort de l'estomac.

Peau cassée, nom que les amateurs donnent à l'extinction de voix des oiseaux, ce qui leur arrive ordinairement après la mue pour avoir été trois mois sans chanter. On leur donnera alors du jaune d'œuf haché avec de la mie de pain ; on mettra dans leur eau de la réglisse nouvelle bien ratissée, cela donnera saveur à l'eau et humectera leur gosier.

Suée. Lorsqu'une femelle qui a des petits vient à suer, ce dont on s'aperçoit quand elle a toutes les plumes de dessous le ventre et de l'estomac mouillées, les petits qui sont sous elle sont en danger d'étouffer, leur duvet ne peut pas même pousser. Pour remédier à cet inconvénient, on jettera une petite pincée de sel dans un demi-verre d'eau fraîche, et, après que le sel est bien fondu, on tire la femelle incommodée de son nid et on lui lave le ventre avec cette eau salée ; après l'avoir bien lavée pendant un demi-quart d'heure, on trempe cette même femelle dans de l'eau pure pour en ôter toute la salaison, on la met ensuite dans une petite cage, au soleil ou devant le feu ; elle s'y épluche et se sèche dans un instant, après quoi on la remet dans sa cage. On peut encore se servir pour cet effet de l'os de seiche ; on le réduit en poudre et on en frotte l'estomac de la femelle suante : cela lui enlève la plus grande partie de sa sueur ; on réitère ce remède toutes les trois heures jusqu'à ce que les petits aient atteint cinq ou six jours.

Le rossignol et autres oiseaux qui mangent de la pâte doivent être purgés souvent, au moins une fois le mois. Donnez-leur, en guise de purgation, deux ou trois vers de farine à la fois ; deux jours après, vous mettez dans leur eau gros comme une noisette de sucre candi, et, toutes les fois que vos oiseaux n'auront point de voix, mettez un peu de réglisse dans leur eau, afin de donner plus de saveur à leur boisson et de leur éclaircir parfaitement la voix.

Les oiseaux qui mangent du chènevis, du millet, de la navette, se purgent avec de la graine mondée, et toutes sortes d'herbes rafraîchissantes, comme feuille de laitue, raves, mouron, seneçon, poirée; vous leur donnerez aussi du sucre.

Il y a encore des observations à faire qui ne sont propres qu'à certains oiseaux : par exemple, on ne doit jamais laisser sans plâtre la linotte, le chardonneret et la calandre; et, comme la linotte est sujette à être constipée, vous lui donnerez un peu de sucre avec un filet de safran dans son abreuvoir, et, pour verdure, la mercuriale, de même qu'à tous les petits oiseaux qui vivent de graines; vous leur donnerez aussi, une fois tous les mois, une émulsion de semence de melon mêlée avec de l'eau, et, pour verdure, de temps en temps de la laitue, ou de la chicorée sauvage, ou de la bette ou poirée, ou du mouron.

Pour empêcher le pinson de devenir aveugle, vous lui donnerez un peu de jus de poirée mêlé dans son eau avec un peu de sucre pendant quelques jours; vous lui donnerez aussi de la graine de melon mondée.

L'ARA BLEU (p. 191).

LES PERROQUETS

Le perroquet est un oiseau des Indes qu'on a naturalisé en France. Linné l'a placé parmi les oiseaux de proie ; il le distingue des autres oiseaux par les caractères suivants : il a quatre doigts aux pieds, deux devant et deux derrière ; les doigts sont garnis d'ongles crochus ; il a pareillement le bec très-crochu et très-épais ; la partie inférieure de ce bec est ronde, tranchante, et beaucoup plus courte que la supérieure ; celle-ci est terminée en bec de plumes à écrire ; mais ce qu'il y a surtout de singulier dans ces oiseaux, c'est d'avoir le dessus du bec mobile, et le dessous immobile ; ses pieds et ses doigts sont charnus ; sa tête est grosse ; son bec et son crâne sont nus ; ses narines sont rondes.

Le perroquet se sert de son bec comme d'une troisième jambe, pour marcher, et pour se pendre aux branches des arbres et y monter ; il l'emploie aussi pour casser les écorces des fruits durs ; il tient ordinairement sa nourriture avec un pied levé en l'air, qu'il porte à son bec de la même manière que les oiseaux de proie. Les doigts des pattes du perroquet sont partagés différemment de la plupart des autres oiseaux, pour pouvoir mieux se percher ; sa langue est épaisse, et analogue à celle de l'homme. Il n'est point d'oiseau qui devienne plus familier, qui ait l'apparence de contracter avec l'homme une association plus intime et plus sentie. Les perroquets semblent susceptibles d'attachement, ils donnent des marques d'antipathie ; ils sont très-jaloux, capricieux, et prennent des personnes en amitié, d'autres en aversion ; ils ont souvent de l'impatience et de la méchanceté ; ils haïssent quelquefois les enfants ; non-seulement ils sont jaloux des personnes, mais encore de leurs semblables, et souvent meurent de cette maladie lorsqu'ils s'aperçoivent qu'on s'occupe de leur compagnon de captivité. Le plus grand mérite des perroquets, aux yeux de la plupart de ceux qui en sont amateurs, est d'avoir au-dessus de tout autre oiseau la faculté de mieux imiter la voix de l'homme, d'en rendre les inflexions, de retenir un plus grand nombre de mots, et de les accompagner même de gestes imitatifs qu'on leur a appris, et qui sont d'accord avec le sens des paroles. Ces oiseaux sont en général lourds, pesants ; ils se meuvent difficilement, et c'est ce me semble en partie à une vie forcément moins dissipée qu'ils doivent des facultés au-dessus de celles des autres oiseaux : des habitudes sociales, l'instinct de vivre en famille, le choix des nourritures végétales, l'ardeur en amour, la gaieté, la joie bruyante, la gentillesse, les éclatantes couleurs du plumage, tout attire et plaît dans ces charmants oiseaux. Ils vivent, dit-on, de quarante à cinquante ans, et vont souvent à cent ans et plus ; mais le terme ordinaire de leur vie ne dépasse pas vingt ans ; et, parmi ceux qui parviennent à cet âge, un grand nombre tombent du mal caduc.

Les perroquets font leurs nids dans des trous d'arbres, et y déposent deux ou quatre œufs gros à peu près comme ceux d'un pigeon, et qui sont quelquefois tiquetés comme ceux de la perdrix. Leur ponte se répète deux fois par an. Ils ne peuvent se reproduire que dans des contrées ou des températures convenables. Ils vivent de baies, de fruits, et surtout d'amandes, dont ils savent briser les enveloppes. Ces oiseaux, réunis en troupes sur les arbres et au milieu des forêts américaines ou indiennes, font un grand ravage dans les fruits, dévorent les bourgeons et détruisent un grand nombre de graines. Quelques Indiens savent les frapper avec des flèches dont l'extrémité est couverte d'un bourrelet de coton, de sorte qu'ils sont seulement étourdis du coup et tombent à terre ; ils reviennent facilement à eux et peuvent s'apprivoiser alors.

Les amateurs distinguent les *perroquets*, et les divisent : 1° en ceux de l'ancien continent, et 2° en ceux du nouveau monde. La première division se partage en espèces à queue courte et en espèces à queue longue. On fait la même séparation pour les espèces de l'Amérique. Voici le tableau de cette division.

PERROQUETS DE L'ANCIEN CONTINENT.

1° Les *cacatoès* à queue courte et carrée, et pourvue d'une huppe mobile.

2° Les *perroquets* (proprement dits) sans huppe, à queue courte et égale.

3° Les *loris* à queue moyenne en forme de coin, à plumage rouge. Ils habitent tous les îles de l'océan Indien.

4° Les *perruches* à queue longue et également étagée (*platicerques*).

5° Les *perruches* à queue longue et inégale (*palæornis*), les deux pennes intermédiaires plus longues. Corps plus petit que celui des précédentes.

6° Les *perruches* à queue courte.

PERROQUETS DU NOUVEAU CONTINENT.

1° Les *aras* à joues nues, à queue aussi longue que le corps, et de grande taille.

2° Les *amazones* à queue moyenne. Du jaune dans le plumage ; une tache rouge au pli de l'aile.

3° Les *criks*. Queue moyenne ; plumage d'un vert maillé, taille plus petite que celle des amazones ; point de rouge au fouet de l'aile, mais seulement sur les couvertures.

4° Les *papegais*, plus petits que les amazones ; queue moyenne ; point de rouges aux ailes.

5° La *perruche* ondulée (d'Australie).

6° Les *perriches* à queue longue et également étagée.

7° *Perriches* à queue longue et inégalement étagée.

MANIÈRE D'INSTRUIRE LES PERROQUETS.

Lorsqu'on veut instruire les perroquets, c'est sur le soir qu'il faut leur donner la leçon ; on a toujours une heure réglée pour cela. On commence d'abord par leur donner à manger ; la soupe au vin est dans ce cas la meilleure nourriture ; on couvre leurs cages avec un morceau d'étoffe, et on leur répète plusieurs fois très-distinctement la même parole, qu'on veut qu'ils apprennent, ayant soin de tenir la lumière cachée : le perroquet, étant très-friand, préfère souvent une chose à une autre, il faut la lui promettre et lui faire comprendre qu'il en aura s'il est bien attentif aux leçons, et récompenser immédiatement chaque progrès accompli ; mais lui refuser impitoyablement ce qu'il désire, s'il est distrait, peu soumis et s'il donne des marques de mauvaise volonté. Il rentrera en lui-même et il mettra ensuite toute son application à bien écouter et à répéter sa leçon : on leur mettra quelquefois un miroir devant eux avec la lumière, quand on leur parle ; ils croient alors que ce sont de leurs semblables qui forment cette voix. Les perroquets apprennent particulièrement à la voix des femmes et des enfants, dont ils aiment surtout la conversation, et en présence desquels ils disent tout ce qu'ils savent. Parmi les perroquets, il s'en trouve qui apprennent plus aisément des paroles rompues, c'est-à-dire des noms d'artisans ou de personnes de la maison, d'autres des paroles plus suivies. Ceux qu'on prend vieux n'apprennent jamais bien à parler. Les femelles des perroquets peuvent imiter aussi bien que les mâles ; leur docilité est même plus grande.

NOURRITURE.

Les perroquets mangent de toute sorte de nourriture, telle que du pain, de la soupe, des châtaignes, des noix, du fromage ; mais la nourriture la plus ordinaire et la plus saine est le chènevis, le millet et quelques fruits, tels que pommes, poires et cerises ; mais, quant à leur goût, il n'est guère de nos mets dont ils ne soient friands ; ils le sont beaucoup de laitue et de viande, mais le persil et les amandes amères leur sont mortels. La mie du pain trempée dans du lait leur convient beaucoup ; à l'époque de la mue on peut aussi leur donner des biscuits légèrement imbibés de vin pour les aider à triompher de cette indisposition naturelle ; trop de sucreries peut nuire à leur santé ; quant à la viande, elle est pour eux d'un très-mauvais usage : elle leur cause des maladies de peau et des démangeaisons qui les excitent à s'arracher les plumes, à se gratter sans cesse, souvent jusqu'au sang ; et, lorsque la maladie est portée à un haut degré, les plumes ne repoussent plus qu'en très-petit nombre, l'oiseau malade se les arrache à mesure qu'elles croissent, et il reste couvert d'un simple duvet, état dans lequel il est hideux. Cette maladie n'est pas toujours produite par l'usage de la viande, et elle attaque quelquefois des perroquets auxquels on n'en a jamais donné. On l'adoucit en les baignant, et on les empêche de s'arracher les plumes en les mouillant d'une ration d'absinthe ou de coloquinte, dont l'amertume dégoûte le perroquet de s'arracher les plumes ; ce qui ne peut se faire sans les toucher du bout de la langue. Ces oiseaux boivent très-fréquemment ; on aura donc soin que leurs abreuvoirs soient toujours pleins d'eau bien fraîche; on peut aussi leur donner du vin, surtout aux époques de la mue.

Il arrive assez fréquemment que des femelles pondent sans avoir communication avec un mâle de leur espèce. On cite quelques exemples de perroquets qui se sont accouplés et qui ont eu des petits en Europe, en les tenant dans une pièce où ils étaient seuls, où ils jouissaient d'une température convenable. En France, on a vu des couples faire pendant cinq ou six années une ponte tous les ans, composée chacune de quatre œufs, mais sur ce nombre, il y en avait toujours un de clair. Voici la manière dont on s'y prend pour les faire couver.

Il faut les mettre dans une chambre convenablement chauffée, et où il n'y ait autre chose qu'un baril défoncé par son haut, et rempli jusqu'au milieu de sciure de bois ; on ajoute des bâtons au dedans et au dehors du baril, afin que le mâle puisse y monter également de toutes manières et coucher à côté de sa femelle. Mais, malgré ces précautions pour disposer les perroquets à s'apparier, et malgré ces exemples d'accouplements suivis de productions qui d'ailleurs sont fort rares, je doute qu'on pût parvenir à engager ces oiseaux à produire dans l'état de domesticité.

MALADIES DES PERROQUETS.

Ces oiseaux sont sujets à s'enrhumer, si on les change trop promptement du chaud au froid ou du froid au chaud. Dans ce cas, il faut les tenir très-chaudement, leur faire boire du vin avec du sucre, et leur déboucher les narines avec la tête d'une épingle. Lorsqu'ils ont souffert du froid à un certaint point, et qu'ils sont attaqués de la goutte et de l'asthme, il faut de même les tenir chaudement, leur bassiner les pattes avec du vin chaud, et leur en faire boire après y avoir infusé un peu de cannelle, ne leur donner que des fruits à manger, et leur faire boire du sirop de grenade de temps en temps.

On doit avoir attention que les bâtons qu'on met aux perroquets pour se percher ou se coucher soient assez gros pour qu'ils les empoignent facilement, parce qu'il y a moins d'inconvénient qu'ils soient trop gros que trop petits; car sur ce dernier ils se fatiguent et sont sujets à tomber, à se blesser le bréchet de l'estomac ou la tête, et l'on est surpris que l'oiseau fait mauvaise figure, s'ébouriffe et meurt, quelques soins qu'on lui donne. Ces oiseaux sont sujets à de fortes indigestions, parce qu'ils sont très-gourmands, surtout de graines, et particulièrement du chènevis. Lorsqu'on les voit ouvrir le bec, et donner des signes d'envie de vomir, il est nécessaire de les exciter à boire, en sucrant leur eau.

PERROQUETS DE L'ANCIEN CONTINENT

§ 1. LES CACATOÈS

Les plus grands perroquets de l'ancien continent sont les *cacatoès*; ils en sont tous originaires, et vivent exclusivement dans les îles de l'Asie méridionale. On les distingue aisément des autres perroquets par leur plumage blanc ou rose, et par leur bec crochu et plus arrondi, et particulièrement par une huppe de longues plumes dont leur tête est ornée, et qu'ils élèvent et abaissent à volonté.

Les perroquets *cacatoès* apprennent assez difficilement à parler ; il y a même des espèces qui ne parlent jamais ; mais on en est dédommagé par la facilité de leur éducation ; on les apprivoise aisément ; cette facilité d'éducation vient du degré de leur intelligence, qui paraît supérieure à celle des autres perroquets ; ils écoutent, entendent et obéissent mieux ; mais c'est vainement qu'ils font les mêmes efforts pour répéter ce qu'on leur dit ; ils semblent vouloir y suppléer par d'autres expressions de sentiment et par des caresses affectueuses ; ils ont dans tous leurs mouvements une douceur et une grâce qui ajoutent encore à leur beauté. Quoiqu'ils se servent, comme les autres perroquets, de leur bec pour monter et descendre, ils n'ont pas leur démarche lourde et désagréable ; ils sont au contraire très-agiles et marchent de bonne grâce, en trottant et par petits sauts vifs.

LE CACATOÈS A HUPPE BLANCHE.

Ce *cacatoès* est à peu près de la grosseur d'une poule ; son plumage est entièrement blanc, à l'exception d'une teinte jaune sur le dessus des ailes et des pennes latérales de la queue ; il a le bec et les pieds noirs. Sa magnifique huppe est très-remarquable en ce qu'elle est composée de dix ou douze grandes plumes, non de l'espèce des plumes molles, mais de la nature des pennes, hautes et largement barbées ; elles sont implantées du front en arrière sur deux lignes parallèles, et forment un double éventail.

LE CACATOÈS A HUPPE JAUNE.

Cette espèce, de petite taille, a le plumage blanc, avec une teinte jaune sous les ailes et la queue, et des taches de la même couleur au tour des yeux : la huppe est d'un jaune citron ; elle est composée de plumes molles et effilées que l'oiseau relève et jette en avant ; le bec et les pieds sont noirs.

LE CACATOÈS A HUPPE ROUGE.

C'est un des plus grands de ce genre, ayant près de cinquante centimètres de longueur ; le dessus de sa huppe, qui se rejette en arrière, est en plumes blanches et couvre une gerbe de plumes rouges.

LE PETIT CACATOÈS.

Tout son plumage est blanc, à l'exception de quelques teintes de rouge pâle sur la tempe et aux plumes du dessous de la huppe, cette teinte de rouge est plus forte aux couvertures du dessous de la queue ; on voit un peu de jaune clair à l'origine des plumes scapulaires, de celles de la huppe, et au côté intérieur des pennes de l'aile et de la plupart de celles de la queue ; les pieds sont noirâtres ; le bec est brun rougeâtre, ce qui est particulier à cette espèce, les autres *cacatoès* ayant tous le bec noir. C'est aussi le plus petit que nous connaissions dans ce genre ; il est coiffé d'une huppe qui se couche en arrière et qu'il relève à volonté.

LE CACATOÈS NOIR OU ARA A TROMPE.

Tout son plumage est d'un noir bleuâtre, plus foncé sur le dos et les ailes que sous le corps ; la huppe est brune ou noirâtre, et l'oiseau a, comme tous les autres cacatoès, la faculté de la relever très-haut et de la coucher presque à plat sur sa tête ; les joues au-dessous de l'œil sont garnies d'une peau rouge, nue et ridée, qui enveloppe la mandibule inférieure du bec, dont la couleur ainsi que celle des pieds est d'un beau noir, et l'on peut dire que cet oiseau est le nègre des cacatoès, dont les espèces sont généralement blanches ; il a la queue assez longue et composée de plumes étagées.

§ 2. LES PERROQUETS (1)

LE JACO OU PERROQUET CENDRÉ.

C'est l'espèce que l'on apporte le plus communément en Europe aujourd'hui, et qui s'y fait le plus aimer, tant par la douceur de ses mœurs que par son talent et sa docilité, qui égalent au moins ceux du perroquet vert, dont elle n'a pas les cris désagréables.

Le mot de *jaco*, que cet oiseau paraît se plaire à prononcer, est le nom qu'ordinairement on lui donne : tout son

(1) Ces perroquets sont tous originaires de l'Afrique et des grandes Indes, et on n'en trouve point en Amérique.

corps est d'un beau gris de perle et d'ardoise, plus foncé sur le manteau, plus clair au-dessus du corps et blanchissant au ventre ; une queue d'un rouge de vermillon termine et relève ce plumage lustré, moiré, et comme poudré d'une blancheur qui le rend toujours frais ; l'œil est placé dans une peau blanche, nue et farineuse, qui couvre la joue ; le bec est noir ; les pieds sont gris ; l'iris est couleur d'or ; la longueur totale de l'oiseau est de trente-trois centimètres.

La plupart des *perroquets gris* nous sont apportés de la Guinée ; ils viennent de l'intérieur des terres de cette partie de l'Afrique ; on les trouve aussi au Congo et sur la côte d'Angola ; on leur apprend fort aisément à parler, et ils semblent imiter de préférence la voix des enfants et recevoir d'eux plus facilement une éducation plus de leur goût. Néanmoins le *jaco* imite aussi le ton grave d'une voix adulte ; mais cette imitation semble pénible, et les paroles qu'il prononce de cette voix sont moins distinctes.

Non-seulement cet oiseau a la facilité d'imiter la voix de l'homme, il semble encore en avoir le désir ; il le manifeste par son attention à écouter, par l'effort qu'il fait pour répéter ; et cet effort se réitère à chaque instant, car il gazouille sans cesse quelques-unes des syllabes qu'il vient d'entendre, et il cherche à prendre le dessus de toutes les voix qui frappent son oreille, en faisant éclater la sienne : souvent on est étonné de l'entendre répéter des mots ou des noms que l'on n'avait pas pris la peine de lui apprendre et qu'on ne le soupçonnait pas même d'avoir écoutés. C'est surtout dans ses premières années qu'il montre cette facilité, qu'il a plus de mémoire, et qu'on le trouve plus intelligent et plus docile. Quelquefois cette faculté de mémoire, cultivée de bonne heure, devient étonnante : mais, plus âgé, il devient rebelle et n'apprend que difficilement.

Olina conseille de choisir les heures du soir, après le repas des *perroquets*, pour leur donner une leçon, parce qu'étant alors plus satisfaits, ils deviennent plus dociles et plus attentifs.

L'espèce de société que le *perroquet* contracte avec nous par le langage est plus étroite et plus douce que celle à laquelle le *singe* peut prétendre par son imitation capricieuse de nos mouvements et de nos gestes ; si celles du chien, du cheval ou de l'*éléphant* sont plus intéressantes par le sentiment et par l'utilité, la société de l'*oiseau parleur* est quelquefois plus attachante par l'agrément ; il récrée, il distrait, il amuse ; dans la solitude, il est compagnie ; dans la conversation, il est interlocuteur ; il répond, il appelle, il accueille, il jette l'éclat des ris ; il exprime l'accent de l'affection ; il joue la gravité de la sentence ; ses petits mots tombés au hasard égayent par leurs disparates, ou quelquefois surprennent par leur justesse.

Ce jet d'un langage sans idées a quelque chose de bizarre et de grotesque, et, sans être plus vide que tant d'autres propos, il est toujours plus amusant. Avec cette imitation de nos paroles, le *perroquet* semble prendre quelque chose de nos inclinations et de nos mœurs ; il aime et il hait ; il a des attachements, des jalousies, des préférences, des caprices ; il s'admire, s'applaudit, s'encourage ; il se réjouit et s'attriste ; il semble s'émouvoir et s'attendrir aux caresses ; il donne des baisers affectueux.

L'aptitude à rendre les accents de la voix articulée, portée dans le *perroquet* au plus haut degré, exige dans l'organe une structure particulière et plus parfaite ; la sûreté de sa mémoire, quoique étrangère à l'intelligence, suppose néanmoins un degré d'attention et une force de réminiscence mécanique dont nul *oiseau* n'est autant doué. Aussi les naturalistes ont tous remarqué la forme particulière du bec, de la langue et de la tête du perroquet ; son bec, arrondi en dehors, creusé et concave en dedans, offre en quelque sorte la capacité d'une bouche, dans laquelle la langue se meut librement ; le son, venant frapper contre le bord circulaire de la mandibule inférieure, s'y modifie comme il le ferait contre une rangée de dents, tandis que de la concavité du bec supérieur il se réfléchit comme d'un palais ; ainsi le son ne s'échappe ni ne fuit en sifflement, mais se remplit et s'arrondit en voix. Au reste, c'est la *langue* qui plie en sons articulés les sons vagues qui ne seraient que des chants ou des cris : cette *langue* est ronde et épaisse, plus grosse même dans le *perroquet* à proportion que dans l'homme : elle serait plus libre dans le mouvement si elle n'était pas d'une substance plus dure que la chair et recouverte d'une membrane forte et comme cornée.

Mais cette organisation, si ingénieusement préparée, le cède encore à l'art qu'il a fallu à la nature pour rendre le demi-bec supérieur du *perroquet* mobile, pour donner à ses mouvements la force et la facilité sans nuire en même temps à son ouverture, et pour muscler puissamment un organe auquel on n'aperçoit pas même l'attache des tendons qui le font mouvoir. Ce n'est ni à la racine de cette pièce, où ils eussent été sans force, ni à ses côtés, où ils eussent fermé son ouverture, qu'ils pouvaient être placés ; la nature a pris un autre moyen : elle a attaché au fond du bec deux os qui, des deux côtés et sous les deux joues, forment, pour ainsi dire, des prolongements de sa substance. Semblables pour la forme aux os qu'on nomme *ptérigoïdes* dans l'homme, excepté qu'ils ne sont point, par leur extrémité postérieure, implantés dans un autre os, mais libres de leurs mouvements, des faisceaux épais de muscles, partant de l'occiput et attachés à ces os, les meuvent et le bec avec eux.

Ce bec est très-fort ; le perroquet casse aisément les noyaux des fruits rouges ; il ronge le bois, et même il fausse avec son bec et écarte les barreaux de sa cage, pour peu qu'ils soient faibles, et qu'il soit las d'y être renfermé ; il s'en sert plus que de ses pattes pour se suspendre et s'aider en montant ; il s'appuie dessus en descendant comme sur un troisième pied qui affermit sa démarche lourde, et le présente lorsqu'il s'abat pour soutenir le premier choc de la chute. Cette partie est pour lui comme un second organe du toucher, et lui est aussi utile que ses doigts pour grimper ou pour saisir.

Il doit à la mobilité du demi-bec supérieur la faculté que n'ont pas les autres oiseaux de mâcher ses aliments : tous les oiseaux granivores et carnivores n'ont dans leur bec, pour ainsi dire, qu'une main avec laquelle ils prennent leur nourriture et la jettent dans le gosier ; ou une arme dont ils la percent et la déchirent : le bec du perroquet est une bouche à laquelle il porte les aliments avec les doigts : il présente le morceau de côté et le ronge à l'aise ; la mâchoire inférieure a peu de mouvement, le plus marqué est de droite à gauche ; souvent l'oiseau l'exécute sans avoir rien à manger, et semble mâcher à vide, ce qui a fait imaginer qu'il ruminait ; il y a plus d'apparence qu'il aiguise alors la tranche de cette moitié du bec, qui lui sert à couper et à ronger.

Il est assez rare de voir des *perroquets* produire dans nos contrées tempérées ; il ne l'est pas de leur voir pondre des œufs clairs et sans germes ; cependant on a quelques exemples de *perroquets* nés en France. M. de la *Pigeonière* a eu un *perroquet gris* mâle et une femelle dans la ville de Marmande-en-Agenais, département de Lot-et-Garonne, qui pendant cinq ou six années n'ont pas manqué chaque printemps de faire une ponte qui a réussi et donné des petits que le père et la mère ont élevés. Chaque ponte était de quatre œufs, parmi lesquels il y en avait toujours trois de bons et un de clair.

La manière de les faire couver à leur aise fut de les mettre dans une chambre où il n'y avait autre chose qu'un baril défoncé par un bout et rempli de sciure de bois ; des bâtons étaient ajustés en dedans et en dehors du baril, afin que le mâle pût y monter à sa guise et coucher auprès de sa compagne. Une attention nécessaire était de n'entrer dans cette chambre qu'avec des bottines pour garantir les jambes des coups de bec du *perroquet* jaloux, qui déchirait tout ce qui approchait de sa femelle.

LE PERROQUET VERT.

Ce *perroquet* vert est de la grosseur d'une poule moyenne ; il a tout le corps d'un vert vif et brillant, les grandes pennes de l'aile et les épaules bleues, les flancs et le dessous du

haut de l'aile d'un rouge éclatant ; les pennes des ailes et de la queue sont doublées de brun ; sa longueur est de quarante centimètres. On le trouve aux *Moluques*, à la *Nouvelle-Guinée*.

LE PERROQUET VARIÉ.

Ce *perroquet* est de la grosseur d'un pigeon : les plumes du tour du cou, qu'il relève dans la colère, sont de couleur pourprée, bordées de bleu ; la tête est couverte de plumes mêlées par traits de brun et de blanc comme le plumage d'un oiseau de proie. Il y a du bleu dans les grandes pennes de l'aile et à la pointe des latérales de la queue, dont les deux intermédiaires sont vertes, ainsi que le reste des plumes du manteau.

LE VAZA OU PERROQUET NOIR.

La quatrième espèce des *perroquets* proprement dits est le *vaza*, nom que celui-ci porte à Madagascar, suivant *Flaccourt*, qui ajoute que ce perroquet imite la voix de l'homme.

Le *vaza* est de la grosseur du *perroquet* cendré de Guinée : il est également noir dans tout son plumage, non d'un noir épais et profond, mais brun et comme obscurément teint de violet. La petitesse de son bec est remarquable ; il a au contraire la queue assez longue. *Edwards* dit cet oiseau très-familier et fort aimable.

LE MASCARIN.

Il est ainsi nommé parce qu'il a autour du bec une sorte de masque noir qui engage le front, la gorge et le tour de la face. Son bec est rouge ; une coiffe grise couvre le derrière de la tête et du cou ; tout le corps est brun ; les pennes de la queue, brunes aux deux tiers de leur longueur, sont blanches à l'origine. La longueur totale de ce *perroquet* est de trente-cinq centimètres. Il vient de Madagascar.

LE GRAND PERROQUET VERT A TÊTE BLEUE.

Ce *perroquet*, qui se trouve au Brésil et à la Guyane, est

un des plus grands : il a près de quarante-deux centimètres de longueur, quoique sa queue soit assez courte. Il a le front et le dessus de la tête bleu, tout son manteau est d'un vert de pré, surchargé et mêlé de bleu sur les grandes pennes ; tout le dessous du corps est d'un vert olivâtre : la queue est verte en dessus et d'un jaune terne en dessous.

LE PERROQUET A TÊTE GRISE.

Cet oiseau a vingt centimètres de longueur ; dans sa taille ramassée, il est gros et épais. Il a la face d'un gris lustré bleuâtre ; l'estomac et tout le dessous du corps d'un gros jaune foncé, quelquefois mêlé de rouge-aurore ; la poitrine et tout le manteau verts, excepté les pennes de l'aile, qui sont seulement bordées de cette couleur autour d'un fond gris.

Ces perroquets sont assez communs au *Sénégal*, où on en trouve de deux sortes, les uns sont petits et tout verts ; les autres, plus grands, ont la tête grise ; le ventre jaune, les ailes vertes et le dos mêlé de gris et de jaune ; ceux-ci ne parlent jamais, mais les petits ont une voix douce et claire, et disent tout ce qu'on leur apprend.

§ 3. LES LORIS

On a donné ce nom dans les Indes orientales à une famille de perroquets dont le cri exprime assez bien le mot *lori*. Ils ne sont guère distingués des autres oiseaux de ce genre que par le plumage, dont la couleur dominante est un rouge plus ou moins foncé. Outre cette différence principale, on peut aussi remarquer que les *loris* ont la langue terminée en pinceau, le bec plus petit et plus aigu que les autres *perroquets*. Ils ont de plus le regard vif, la voix perçannte et les mouvements prompts : ils sont les plus agiles de tous les perroquets, et les seuls qui sautent sur leur bâton jusqu'à trente-trois centimètres de hauteur.

Ils apprennent très-facilement à siffler et à articuler des paroles ; on les apprivoise aussi fort aisément, et, ce qui est assez rare chez tous les animaux, ils conservent de la gaieté dans la captivité ; mais ils sont en général très-délicats et très-difficiles à transporter et à nourrir dans nos climats tempérés, il faut leur donner beaucoup de soins, les tenir chaudement sans les priver d'air et varier leur nourriture à propos ; elle peut se composer de maïs, chènevis, mie de pain, riz, œufs durs, peu de sucrerie. Ils sont sujets, même dans leur pays natal, à des accès épileptiques, comme les *aras* et autres *perroquets ;* mais il est probable que les uns et les autres ne ressentent cette maladie que dans la captivité.

LES LORIS-PERRUCHES.

Ce sont des oiseaux presque entièrement rouges comme les *loris*, mais leur queue est plus longue, et cependant plus courte que celles des *perruches*, et l'on doit les considérer comme faisant la nuance entre les loris et les perruches de l'ancien continent; nous les appellerons par cette raison *loris-perruches*. Il y a plusieurs variétés, et principalement le loris-perruche rouge, le violet et rouge et le tricolore.

§ 4. PERRUCHES A QUEUE LONGUE ET ÉGALEMENT ÉTAGÉE

On sépare en deux familles les perruches à longue queue : la première sera composée de celles qui ont la queue également étagée, et la seconde de celles qui l'ont inégale ou plutôt inégalement étagée, c'est-à-dire qui ont les deux pennes du milieu de la queue beaucoup plus longues que les autres pennes, et qui paraissent en même temps séparées l'une de l'autre.

Toutes ces *perruches* sont plus grosses que les *perruches* à

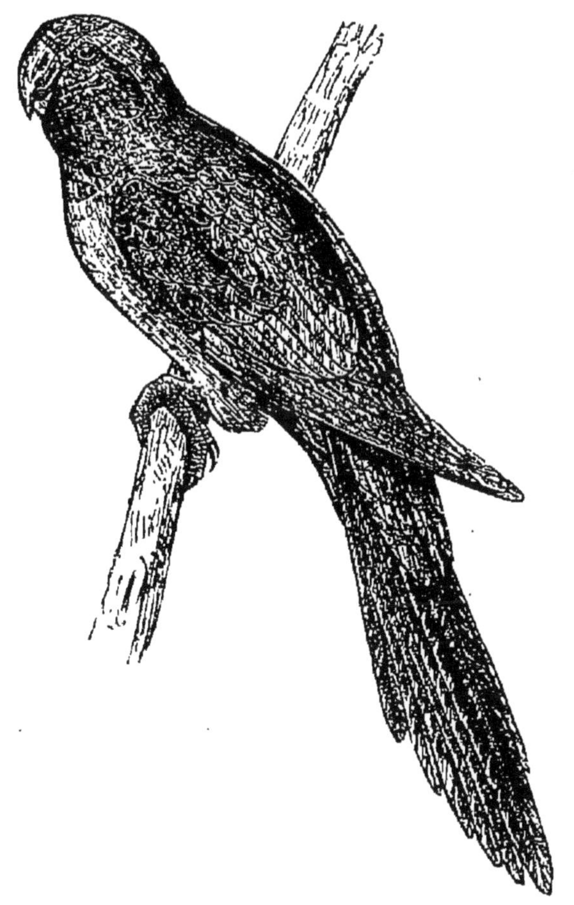

queue courte, dont nous donnerons ci-après la description, et cette longue queue les distingue aussi de tous les *perroquets* à queue courte.

LA GRANDE PERRUCHE A COLLIER D'UN ROUGE VIF.

Cette perruche rassemble tous les traits de beauté des oiseaux de son genre : plumage d'un vert clair et gai sur la tête, plus foncé sur les ailes et sur le dos ; demi-collier couleur de rose, qui, entourant le derrière du cou, se rejoint sur les côtés à la bande noire qui enveloppe la gorge ; bec d'un rouge vermeil, et tache pourprée au sommet de l'aile ; ajoutez une belle queue plus longue que le corps, mêlée de vert et de bleu d'aigue-marine en dessus, et doublée de jaune tendre, vous aurez toute la figure simple à la fois et parée de cette grande *perruche*, qui a été le premier perroquet connu des anciens. Elle se trouve non-seulement dans les terres du continent de l'Asie méridionale, mais aussi dans les îles voisines et à Ceylan.

LA PERRUCHE A DOUBLE COLLIER.

Deux petits rubans, l'un rose et l'autre bleu, entourent le cou en entier de cette *perruche*, qui est de la grosseur d'une *tourterelle;* du reste, tout son plumage est vert, plus foncé sur le dos, jaunissant sous le corps, et dans plusieurs de ses parties rembruni d'un trait sombre sur le milieu de chaque plume ; sous la queue un frangé jaunâtre borde le gris-brun tracé dans chaque penne ; la moitié supérieure du bec est d'un beau rouge, l'inférieure est brune. Il est probable que cette *perruche*, venue de l'île *Bourbon*, se trouve dans le continent correspondant, ou de l'*Afrique* ou des *Indes*.

LA PERRUCHE A TÊTE ROUGE.

Cette *perruche*, qui a trente centimètres de longueur totale, et dont la queue est plus longue que le corps, a tout le dessus d'un vert sombre, avec une tache pourpre dans le haut de l'aile ; la face est d'un rouge pourpre, qui, sur la tête, se fond dans du bleu, et se coupe sur la nuque par un trait prolongé du noir qui couvre la gorge : le dessus du corps est d'un jaune terne et sombre ; le bec est rouge.

LA PERRUCHE A TÊTE BLEUE.

Cette *perruche*, longue de vingt-sept centimètres, a le bec blanc, le corps vert, le devant du cou jaune, et du jaune mêlé dans le vert sous la queue, dont les pennes intermédiaires sont en dessus teintes de bleu ; les pieds sont bleuâtres.

LA PERRUCHE LORI.

C'est le nom qu'*Edwards* a donné à cette espèce, à cause du beau rouge qui semble la rapprocher des *loris*. Ce rouge, traversé de petites ondes brunes, teint la gorge, le devant du cou et les côtés de la face jusque sur l'occiput, qu'il entoure ; le haut de la tête est pourpré ; *Edwards* le marque bleu ; le dos, le dessus du cou, des ailes et l'estomac sont d'un vert d'émeraude ; du jaune orangé tache irrégulièrement les côtés du cou et les flancs ; les grandes pennes de l'aile sont noirâtres, frangées au bout de jaune ; la queue, verte en dessus, paraît doublée de rouge et de jaune à la pointe ; le bec et les pieds sont gris-blanc. Cette *perruche* est de moyenne grosseur et n'a que vingt centimètres de longueur ; c'est une des plus jolies par l'éclat et l'assortiment des couleurs.

LA PERRUCHE SOURIS.

Quoique cette *perruche* soit considérablement plus grosse que le moineau, on lui a donné le nom de *souris*, parce qu'une grande pièce gris-de-souris lui couvre la poitrine, la gorge, le front et toute la face ; le reste du corps est vert-olive, excepté les grandes pennes de l'aile, qui sont d'un vert plus foncé ; la queue est longue de quatorze centimètres, le corps d'autant; les pieds sont gris ; tout le plumage pâle et décoloré de cette perruche lui donne un air triste, et c'est la moins brillante de toute la famille.

LA PERRUCHE A MOUSTACHES.

Un trait noir passe d'un œil à l'autre sur le front de cette *perruche;* deux grosses moustaches de la même couleur partent du bec inférieur et s'élargissent sur les côtés de la gorge ; le reste de la face est blanc et bleuâtre ; la queue, verte en dessus, est jaune-paille en dessous ; le dos est vert foncé ; il y a du jaune dans les couvertures de l'aile, dont les grandes pennes sont d'un vert d'eau foncé ; l'estomac et la poitrine sont de couleur lilas ; cette *perruche* a près de trente centimètres ; sa queue fait la moitié de cette longueur.

LA PERRUCHE A FACE BLEUE.

Cette belle *perruche* a le manteau vert et la tête peinte de trois couleurs, d'indigo sur la face et la gorge, de vert-brun à l'occiput, et de jaune en dessous ; le bas du cou et la poitrine sont d'un mordoré rouge, tracé de vert-brun ; le ventre est vert, le bas-ventre mêlé de jaune et de vert, et la queue doublée de jaune. Cette *perruche* se trouve à Amboine ; nous lui rapporterons comme simple variété, ou du moins comme espèce très-voisine, la *perruche* des *Moluques*, dont la grandeur et les principales couleurs sont les mêmes à cela près que la tête entière est indigo, et qu'il y a une tache de cette couleur au ventre ; le rouge-aurore de la poitrine n'est point ondé, mais mêlé de jaune ; la queue de ces *perruches* est aussi longue que le corps ; la longueur totale est de vingt-sept centimètres ; leur bec est blanc rougeâtre.

§ 5. PERRUCHES A QUEUE LONGUE ET INÉGALE

LA PERRUCHE A COLLIER COULEUR DE ROSE.

Cette perruche a trente-cinq centimètres de long; mais, dans cette longueur, la queue et ses deux longs brins entrent pour près des deux tiers; les brins sont d'un bleu d'aigue-marine; tout le reste du plumage est d'un vert clair et doux, un peu plus vif sur les pennes de l'aile, et mêlé de jaune sur celles de la queue. Un petit collier rose ceint le derrière du cou, et se rejoint au noir de la gorge; une teinte bleuâtre est jetée sur les plumes de la nuque, qui se rabattent sur le collier; le bec est rouge-brun.

LA PETITE PERRUCHE A TÊTE COULEUR DE ROSE A LONGS BRINS.

Cette petite *perruche*, dont tout le corps n'a pas plus de dix centimètres de longueur, en aura trente-deux si on la mesure jusqu'à la pointe des deux longs brins par lesquels s'effilent les deux plumes du milieu de la queue; ces longues plumes sont bleues; le reste de la queue, qui n'est long que de cinq centimètres et demi, est vert-olive; et c'est aussi la couleur de tout le dessous du corps et même du dessus, où elle est seulement plus forte et plus chargée; quelques petites plumes rouges percent sur le haut de l'aile; la tête est d'un rouge de rose mêlé de lilas, coupé et bordé par un cordon noir, qui, prenant à la gorge, fait le tour du cou.

LA GRANDE PERRUCHE A LONGS BRINS.

Les ressemblances dans les couleurs sont assez grandes entre cette *perruche* et la précédente pour qu'on les pût regarder comme de la même espèce, si la différence des grandeurs n'était pas considérable; en effet, celle-ci a quarante-trois centimètres de longueur, y compris les deux brins de la queue, et les autres dimensions sont plus grandes à proportion; les brins sont bleus comme dans l'espèce précédente; la queue est de même vert d'olive, mais plus foncé et de la même teinte que les ailes; il paraît un peu de bleu dans le milieu de l'aile ; tout le vert du corps est fort délayé dans du jaunâtre ; toute la tête n'est pas couleur de rose ; ce n'est que la région des yeux et l'occiput qui sont de cette couleur ; le reste est vert ; et il n'y a pas non plus de cordon noir qui borde la coiffe de la tête.

LA GRANDE PERRUCHE A AILES ROUGEATRES.

Cette *perruche* a cinquante-quatre centimètres de longueur depuis la pointe du bec jusqu'à l'extrémité des deux longs brins de la queue ; tout le corps est en dessus d'un vert d'olive foncé, et en dessous d'un vert pâle mêlé de jaunâtre ; il y a sur le fouet de chaque aile un petit espace de couleur rouge et du bleu faible dans le milieu des longues plumes de la queue ; le bec est rouge, ainsi que les pieds et les ongles.

LA PERRUCHE A GORGE ROUGE.

Cette *perruche* n'est pas plus grosse qu'une *mésange*, mais la longueur de la queue surpasse celle de son corps ; le dos et la queue sont d'un gros vert ; les couvertures des ailes et la gorge sont rouges ; le dessous du corps est d'un vert jaunâtre ; l'iris de l'œil est si foncé, qu'il en paraît noir, ce qui diffère de la plupart des *perroquets*, qui l'ont couleur d'or.

LA GRANDE PERRUCHE A BANDEAU NOIR.

La longueur de cet oiseau est de trente-huit centimètres, sur lesquels la queue en a près de dix-neuf. La tête porte un bandeau noir et le cou un collier rouge et vert ; la poitrine est d'un beau rouge clair, les ailes et le dos sont d'un riche bleu turquin, le ventre est vert foncé, parsemé de plumes rouges ; la queue, dont les pennes du milieu sont les plus grandes, est colorée de vert et de rouge avec des bordures noires.

§ 6. PERRUCHES A QUEUE COURTE

Il y a une grande quantité de ces *perruches* dans l'Asie méridionale et en Afrique ; elles sont toutes différentes des *perruches* de l'Amérique, et, s'il s'en trouve quelques-unes dans ce nouveau continent qui ressemblent à celles de l'ancien, c'est que probablement elles y ont été transportées ; pour les distinguer par un nom générique, nous avons laissé celui de *perruches* à celles de l'ancien continent, et nous appellerons *perriches* celles du nouveau. Au reste, les espèces de perruches à queue courte sont bien plus nombreuses dans l'ancien continent que dans le nouveau ; elles ont de même quelques habitudes naturelles aussi différentes que le sont les climats ; quelques-unes, par exemple, dorment la tête en bas et les pieds en haut, accrochées à une petite branche d'arbre, ce que ne font pas les *perruches d'Amérique*.

En général, tous les perroquets du nouveau monde font leurs nids dans des creux d'arbres, et spécialement dans les trous abandonnés par les *pics*, nommés aux Iles *charpentiers*. Dans l'ancien continent, au contraire, plusieurs voyageurs nous assurent que différentes espèces de perroquets suspendent leurs nids tissus de jonc et de racines, en les attachant à la pointe des rameaux flexibles : cette diversité dans la manière de nicher, si elle est réelle pour un grand nombre d'espèces, pourrait être suggérée par la différente influence du climat. En *Amérique*, où la chaleur n'est jamais excessive, elle doit être recueillie dans un petit lieu qui la concentre ; et, sous la zone torride d'*Afrique*, le nid suspendu reçoit des vents qui le bercent un rafraîchissement peut-être nécessaire.

LA PERRUCHE A TÊTE BLEUE.

Cet oiseau a le sommet de la tête d'un beau bleu, et porte un demi-collier orangé sur le cou ; la poitrine et le croupion sont rouges, et le reste du plumage est vert pâle en dessous, plus foncé sur le dos, les ailes et la queue ; le bas du corps, et les pieds sont gris ; taille inférieure à celle de la perruche à tête rouge.

Cette espèce se trouve à Sumatra et à l'île de Luçon.

LA PERRUCHE A TÊTE ROUGE, OU LE MOINEAU DE GUINÉE.

C'est le *moineau de Guinée*, le *moineau du Brésil des oiseleurs* ; on voit souvent de ces perroquets en Europe, où ils sont recherchés à cause de leur beau plumage et de leur douceur ; mais ils n'apprennent point à parler. Ils sont délicats ; cependant ils vivent assez longtemps dans nos climats, pourvu qu'ils soient par paires dans leur cage. Lorsqu'une de ces *perruches* appariées vient à mourir, il est rare que l'autre lui survive, si le mort n'est remplacé par un individu de son sexe. On le nourrit de pain et d'alpiste. Cette espèce est très-nombreuse et répandue dans presque tous les climats méridionaux de l'ancien continent. On la trouve en Guinée, en Éthiopie, à Java, etc.

Cette *petite perruche* a quinze centimètres de longueur ; le bec rouge, l'iris bleuâtre ; une tache d'un beau bleu sur le croupion et au bord de l'aile ; le front et la gorge rouges, la queue courte et variée de trois bandes, l'une rouge, l'autre noire, et la troisième verte : le reste du plumage vert. La femelle diffère en ce que le rouge est moins vif et qu'elle n'a pas de bleu au fouet de l'aile ; les pieds sont gris. Avec des soins et de la chaleur, on peut les faire couver en France.

LE COULACISSI.

C'est aux *Philippines* et particulièrement à l'île de *Luçon* que l'on trouve cette petite *perruche*, qui ne surpasse pas le moineau en grosseur ; elle y porte le nom de *coulacissi*. Son plumage est d'un vert dont l'éclat est relevé par le rouge du front, du bec, de la gorge, du croupion, des pieds et des ongles, et par le demi-collier orangé du dessus du cou. Ce demi-collier manque à la femelle, ainsi que le rouge de la gorge ; mais elle a une tache bleuâtre de chaque côté de la tête, entre le bec et l'œil.

LA PERRUCHE A TÊTE GRISE.

Cette petite *perruche* de *Madagascar* a la tête, la gorge et la partie inférieure du cou d'un gris tirant un peu sur le vert ; le corps est d'un vert plus clair en dessous qu'en dessus, les couvertures supérieures des ailes et les pennes moyennes sont vertes ; les grandes pennes sont brunes sur leur côté intérieur, et vertes sur leur côté extérieur et à l'extrémité ; les pennes de la queue sont d'un vert clair, avec une large bande transversale noire vers leur extrémité ; le bec, les doigts et les ongles sont blanchâtres. Longueur, quinze centimètres. Nous en devons la description à *M. Brisson*.

LA PERRUCHE AUX AILES NOIRES.

Cette petite *perruche* se trouve à l'île de *Luçon* ; elle a le sommet de la tête d'un rouge très-vif, la gorge bleue, le dessus du cou, le dos, les couvertures des ailes et la queue d'un vert foncé, qui jaunit sur le ventre ; la poitrine bleue, les grandes pennes des ailes noires, les couvertures supérieures de la queue rouges ; le bec, l'iris et les pieds jaunes.

La femelle n'a que les plumes du tour du bec rouges ; une tache jaune est sur le dessus du cou, et la poitrine est de la première teinte ; du reste, elle ressemble au mâle. Ces oiseaux sont d'une taille inférieure à celle de la *perruche à collier*.

PERROQUETS DU NOUVEAU CONTINENT

§ 1. LES ARAS

De tous les perroquets l'*ara* est le plus grand et le plus magnifiquement paré ; la pourpre, l'or et l'azur brillent sur son plumage ; il a l'œil assuré, la contenance ferme, la démarche grave et même l'air désagréablement dédaigneux, comme s'il sentait son prix et connaissait trop sa beauté ; néanmoins son naturel paisible le rend aisément familier et même susceptible de quelque attachement. On peut le rendre domestique sans en faire un esclave ; il n'abuse pas de la liberté qu'on lui donne ; la douce habitude le rappelle auprès de ceux qui le nourrissent, et il revient assez constamment au domicile qu'on lui fait adopter.

Ils prononcent quelques monosyllabes d'un ton énergique, et imitent facilement le roulement du tambour. Les femelles pondent quelquefois, mais leurs œufs sont rarement fécondés. Les aras exigent les mêmes soins et la même nourriture que les cacatois, ils sont aussi très-frileux et sensibles aux intempéries ; on les place comme ces derniers sur un perchoir dehors lorsque le temps est beau, mais on les rentre pour la nuit ; on les enchaîne ou bien on coupe les plumes d'une aile. Il est utile que le perchoir ou pied soit fait en bois très-dur pour qu'il ne soit pas mis en pièces en peu de temps ; les branches du perchoir ne doivent pas être en fer, parce que ce métal froid ferait mal aux pieds des oiseaux et les rendrait goutteux. Après la mue, il n'est pas utile de les aider à se débarrasser de la peau qui enveloppe la tige des plumes, principalement à la queue, mais il faut attendre que cette membrane soit mûre, car par impatience on pourrait faire saigner l'oiseau.

On connaît huit espèces d'aras, dont les quatre principales sont : le rouge, le bleu, le vert et le blanc.

Les caractères qui distinguent les *aras* des autres *perroquets* du nouveau monde sont : 1° la grandeur et la grosseur du corps, étant du double au moins plus gros que les autres ; 2° la longueur de la queue, qui est aussi beaucoup plus longue, même à proportion du corps ; 3° la peau nue et d'un blanc sale qui couvre les deux côtés de la tête, l'entoure pardessous, et recouvre aussi la base de la mandibule inférieure du bec ; caractère qui n'appartient à aucun autre *perroquet*.

L'ARA ROUGE OU CANGA.

Ce grand *ara rouge* a près de quatre-vingts centimètres de longueur, mais celle de la queue en fait presque moitié ; tout le corps, excepté les ailes, est d'un rouge vermeil ; les quatre plus longues plumes de la queue sont du même rouge ; les grandes pennes de l'aile sont d'un bleu turquin en dessus, et en dessous d'un rouge de cuivre sur fond noir ; dans les pennes moyennes le bleu et le vert sont alliés et fondus d'une manière admirable ; les grandes couvertures sont d'un jaune doré et terminées de vert ; les épaules sont du même rouge que le dos ; les couvertures supérieures et inférieures de la queue sont bleues ; quatre des pennes latérales de chaque côté sont bleues en dessus, et toutes sont doublées d'un rouge de cuivre plus clair et plus métallique sous les quatre grandes pennes du milieu : un toupet de plumes veloutées, rouge mordoré, s'avance en bourrelet sur le front ; la gorge est d'un rouge brun ; une peau membraneuse, blanche et nue, entoure l'œil, couvre la joue et enveloppe la mandibule inférieure du bec, lequel est noirâtre, ainsi que les pieds.

Les voyageurs remarquent des variétés dans les couleurs comme dans la grandeur de ces oiseaux, selon les différentes contrées, et même d'une île à une autre : on en a vu qui avaient la queue toute bleue, d'autres rouge et terminée de bleu ; leur grandeur varie autant et plus que leurs couleurs ; mais les petits *aras rouges* sont plus rares que les grands.

Les *aras* habitent les bois, dans les terrains humides, plantés de palmiers, et ils se nourrissent principalement des fruits du palmier-latanier, dont il y a de grandes forêts dans les savanes noyées ; ils vont ordinairement par paires et rarement en troupes ; ils font leurs nids dans des trous de vieux arbres pourris ; ils en garnissent l'intérieur avec des plumes.

La femelle fait deux pontes par an, chacune de deux œufs, qui sont gros comme des œufs de pigeon et tachés comme ceux de perdrix : le mâle et la femelle les couvent alternativement et soignent les petits ; ils leur apportent également à manger.

Les jeunes *aras* s'apprivoisent aisément, et dans plusieurs contrées de l'Amérique on ne prend ces oiseaux que dans le nid, et on ne tend point de piéges aux vieux, parce que leur éducation serait trop difficile, et peut-être infructueuse.

L'*ara* est très-sujet au mal caduc, qui est plus violent et plus immédiatement mortel dans les climats chauds que dans les pays tempérés. Le remède est de leur entamer l'extrémité d'un doigt et d'en faire couler une goutte de sang, l'oiseau paraît guéri sur-le-champ. On appelle *crampe*, dans les colonies, cet accident épileptique, et on assure qu'il ne manque pas d'arriver à tous les perroquets en domesticité lorsqu'ils se perchent sur un morceau de fer, comme sur un clou ou sur une tringle, etc., en sorte qu'on a grand soin de ne leur permettre de se poser que sur du bois.

L'ARA BLEU OU RAUNA.

Cet oiseau est entièrement bleu d'azur sur le dessus du corps, les ailes et la queue, et d'un beau jaune sur tout le corps ; ce jaune est vif et plein, et le bleu a des reflets et un lustre éblouissants.

Les *aras bleus* ne se mêlent point avec les *aras rouges*, quoiqu'ils fréquentent les mêmes lieux, sans chercher à se faire la guerre : ils ont quelque chose de différent dans la voix.

L'ARA VERT.

L'ara vert est bien plus rare que l'ara rouge, et l'ara bleu ; il est aussi bien plus petit. Sa longueur depuis l'extrémité du bec jusqu'à celle de la queue est d'environ quarante-trois centimètres; son corps, tant en dessus qu'en dessous, est d'un vert qui, sous les différents aspects, paraît ou éclatant, ou doré, ou olive foncé ; les grandes et petites pennes des ailes sont d'un bleu d'aigue-marine sur fond brun, doublé d'un rouge de cuivre ; le dessous de la queue est de ce même rouge, et le dessus est peint en bleu d'aigue-marine, fondu dans du vert-olive ; le vert de la tête est plus vif et moins chargé d'olivâtre que le vert du reste du corps ; à la base du bec supérieur, sur le front, est une bordure noire de petites plumes effilées qui ressemblent à des poils ; la peau blanche et nue qui environne les yeux est aussi parsemée de petits pinceaux rangés en lignes des mêmes poils noirs ; l'iris de l'œil est jaunâtre.

Cet oiseau, aussi beau que rare, est encore aimable par ses mœurs sociales et par la douceur de son naturel ; il est bientôt familiarisé avec les personnes qu'il voit fréquemment ; il aime leur accueil, leurs caresses, et semble chercher à les leur rendre ; mais il repousse celles des étrangers et surtout celles des enfants, qu'il poursuit vivement et sur lesquels il se jette ; il ne connaît que ses amis.

Il mange à peu près de tout ce que nous mangeons : le pain, la viande de bœuf, le poisson frit, la pâtisserie, et le sucre surtout, sont fort de son goût : néanmoins il semble leur préférer les pommes cuites, qu'il avale avidement, ainsi que les noisettes, qu'il casse avec son bec, et épluche ensuite fort adroitement entre ses doigts, afin de n'en prendre que ce qui est mangeable ; il suce les fruits tendres au lieu de les mâcher, en les pressant avec sa langue contre la mandibule supérieure du bec, et, pour les autres nourritures moins tendres, comme le pain, la pâtisserie, etc., il les broie ou les mâche, en appuyant l'extrémité du demi-bec inférieur contre l'endroit le plus concave du supérieur ; mais, quels que soient ses aliments, ses excréments ont toujours été d'une couleur verte et mêlées d'une espèce de craie blanche, comme ceux de la plupart des autres oiseaux, excepté le temps où il a été malade ; ils étaient alors d'une couleur orange et jaunâtre.

Il apprend plus aisément à parler, et prononce bien plus distinctement que l'*ara rouge* et l'*ara bleu* ; il écoute les autres perroquets et s'instruit avec eux ; son cri est presque semblable à celui des autres *aras*, seulement il n'a pas la voix si forte à beaucoup près, et ne prononce pas si distinctement *aras*.

§ 2. LES PERROQUETS AMAZONES

Nous en connaissons cinq espèces, indépendamment de plusieurs variétés. La première est l'amazone à tête jaune ; la seconde, le tarabé ou l'amazone à tête rouge ; la troisième, l'amazone à tête blanche ; la quatrième, l'amazone jaune ; et la cinquième, l'aourou-couraou.

L'AMAZONE A TÊTE JAUNE.

Cet oiseau a le sommet de la tête d'un beau jaune vif, la gorge, le cou, le dessus du dos et les couvertures supérieures des ailes d'un vert brillant ; la poitrine et le ventre d'un vert un peu jaunâtre ; le fouet des ailes est d'un rouge vif ; les pennes des ailes sont variées de vert, de noir, de bleu-violet et de rouge ; les deux pennes extérieures, de chaque côté de la queue, ont leurs barbes intérieures rouges à l'origine de la plume ; ensuite d'un vert foncé jusque vers l'extrémité, qui est d'un vert jaunâtre ; les autres pennes sont d'un vert foncé, et terminées d'un vert jaunâtre ; le bec est rouge à sa base et cendré sur le reste de son étendue ; l'iris des yeux est jaune ; les pieds sont gris et les ongles noirs.

LE TARADE OU AMAZONE A TÊTE ROUGE.

Ce perroquet a la tête, la poitrine, le fouet et le haut des ailes rouges ; et c'est par ce caractère qu'il doit être réuni avec les perroquets amazones ; tout le reste de son plumage est vert ; le bec et les pieds sont d'un cendré obscur.

L'AMAZONE A TÊTE BLANCHE.

Il serait plus exact de nommer ce perroquet *à front blanc*, parce qu'il n'a guère que cette partie de la tête blanche; quelquefois le blanc engage aussi l'œil et s'étend sur le sommet de la tête, souvent il ne borde que le front; il est d'un vert clair mêlé de jaunâtre et coupé de festons noirs sur tout le corps; la gorge et le devant du cou sont d'un beau rouge; les grandes pennes de l'aile sont bleues, celles de la queue d'un vert jaunâtre, teintes de rouge dans leur première moitié : on remarque, dans le fouet de l'aile, la tache rouge qui est, pour ainsi dire, la livrée des amazones.

L'AMAZONE JAUNE OU PERROQUET D'OR.

Ce perroquet amazone est probablement du Brésil; il a tout le corps et la tête d'un très-beau jaune; du rouge sur le fouet de l'aile, ainsi que sur les grandes pennes de l'aile et sur les pennes latérales de la queue; l'iris des yeux est rouge, le bec et les pieds sont blancs.

L'AOUROU-COURAOU.

Ce bel oiseau, qui se trouve à la *Guyane* et au *Brésil*, a le front bleuâtre avec une bande de même couleur au-dessus des yeux; le reste de la tête est jaune, les plumes de la gorge sont jaunes et bordées de vert bleuâtre, le reste du corps est d'un vert clair qui prend une teinte de jaunâtre sur le dos et sur le ventre, le fouet de l'aile est rouge, les couvertures supérieures des ailes sont vertes, les pennes de l'aile sont variées de vert, de noir, de jaune, de bleu-violet et de rouge; la queue est verte, mais, lorsque les pennes en sont étendues, elles paraissent frangées de noir, de rouge et de bleu; l'iris des yeux est de couleur d'or, le bec est noirâtre, et les pieds sont cendrés.

§ 3. LES CRIKS

Ces oiseaux peuvent être réduits à sept espèces, savoir : 1° le crik à gorge jaune ; 2° le meunier ou le crik poudré ; 3° le crik rouge et bleu ; 4° le crik à face bleue ; 5° le crik proprement dit ; 6° le crik à tête bleue ; 7° le crik à tête violette. Nous ne parlerons que des plus répandus.

LE CRIK A TÊTE ET A GORGE JAUNE.

Ce crik a la tête entière, la gorge et le bas du cou d'un très-beau jaune, le dessous du corps d'un vert brillant, et le dessus d'un vert un peu jaunâtre ; le fouet de l'aile est jaune, le premier rang des couvertures de l'aile est rouge et jaune, les autres rangs sont d'un beau vert, les pennes des ailes et de la queue sont variées de vert, de noir, de bleu-violet, de jaunâtre et de rouge : l'iris est jaune, le bec et les pieds sont blanchâtres.

Ce crik à gorge jaune, dit le R. P. Rougot, se montre très-capable d'attachement pour son maître ; il l'aime, mais à condition d'en être souvent caressé ; il semble être fâché si on le néglige et vindicatif si on le chagrine ; il a des accès de désobéissance ; il mord dans ses caprices, et rit avec éclat après avoir mordu, comme pour s'applaudir de sa méchanceté ; les châtiments ou la rigueur des traitements ne font que le révolter, l'endurcir et le rendre plus opiniâtre ; on ne le ramène que par la douceur.

L'envie de dépecer, le besoin de ronger en font un oiseau destructeur de tout ce qui l'environne ; il coupe les étoffes des meubles, entame les bois des chaises, et déchire le papier et les plumes, etc. Si on l'ôte d'un endroit, l'instinct de contradiction l'instant d'après l'y ramène ; il rachète ses mauvaises qualités par des agréments ; il retient aisément tout ce qu'on veut lui faire dire : avant d'articuler, il bat des ailes s'agite et se joue sur sa perche; la cage l'attriste et le rend muet, il ne parle bien qu'en liberté; du reste, il cause moins en hiver que dans la belle saison, où du matin au soir il ne cesse de jaser, tellement qu'il en oublie la nourriture.

Dans ses jours de gaieté il est affectueux, il reçoit et rend les caresses, obéit et écoute, mais un caprice interrompt souvent et fait cesser cette belle humeur ; il semble être affecté des changements de temps; il devient alors silencieux; le moyen de le ranimer est de chanter près de lui : il s'éveille alors et s'efforce de surpasser, par ses éclats et par ses cris, la voix qui l'excite; il aime les enfants, et en cela il diffère des autres *perroquets* : il en affectionne quelques-uns de préférence, ceux-là ont droit de le prendre et de le transporter impunément; il les caresse, et, si quelque grande personne le touche dans ce moment, il la mord très-serré; lorsque ses amis enfants le quittent, il s'afflige, les suit et les rappelle à haute voix; dans le temps de la mue, il paraît souffrant et abattu, et cet état de forte mue dure environ trois mois.

On lui donne pour nourriture ordinaire du chènevis, des noix, des fruits de toute espèce et du pain trempé dans du vin; il préférerait la viande si on voulait lui en donner, mais on a éprouvé que cet aliment le rend lourd et triste et lui fait tomber les plumes au bout de quelque temps. On a aussi remarqué qu'il conserve son manger dans des poches ou abajoues, d'où il le fait sortir ensuite par une espèce de rumination.

LE MEUNIER OU LE CRIK POUDRÉ.

C'est le plus grand de tous les perroquets du nouveau monde, à l'exception des aras : il a été appelé *meunier* par les habitants de Cayenne, parce que son plumage, dont le fond est vert, paraît saupoudré de farine; il a une tache jaune sur la tête; les plumes de la face supérieure du cou sont légèrement bordées de brun, le dessous du corps est d'un vert moins foncé que le dessus, et il n'est pas saupoudré de blanc ; les pennes extérieures des ailes sont noires, à l'exception d'une partie des barbes extérieures qui sont bleues ; il a une grande tache rouge sur les ailes, les pennes de la queue sont de la même couleur que le dessus du corps, depuis leur origine jusqu'aux trois quarts de leur longueur, et le reste est d'un vert jaunâtre.

Ce perroquet est un des plus estimés, tant par sa grandeur et la singularité de ses couleurs que par la facilité qu'il a d'apprendre à parler, et par la douceur de son naturel ; il n'a qu'un petit trait déplaisant : c'est son bec, qui est de couleur de corne blanchâtre.

LE CRIK A FACE BLEUE.

La longueur de ce perroquet est de trente-deux centimètres, entre les pennes de l'aile, qui sont bleu-indigot, il en perce quelques-unes de rouges ; il a la face bleue, la poitrine et l'estomac d'un petit rouge tendre ou lilas, ondé de vert, tout le reste du plumage est vert, à l'exception d'une tache jaune au bas du ventre.

LE CRIK PROPREMENT DIT.

C'est ainsi qu'on appelle cet oiseau à Cayenne, où il est si commun, qu'on a donné son nom à tous les autres criks. Il a trente centimètres de longueur depuis la pointe du bec jusqu'à l'extrémité de la queue, et ses ailes pliées s'étendent un peu au delà de la moitié de la longueur de la queue ; il est, tant en dessus qu'en dessous, d'un joli vert assez clair, et particulièrement sur le ventre et le cou, où le vert est très-brillant : le front et le sommet de la tête sont aussi d'un assez beau vert, les joues sont d'un jaune verdâtre, il y a sur les ailes une tache rouge, les pennes en sont noires, terminées de bleu ; les deux pennes du milieu de la queue sont du même vert que le dos, et les pennes extérieures, au nombre de cinq de chaque côté, ont chacune une grande tache oblongue rouge sur les barbes intérieures, laquelle s'élargit de plus en plus de la penne intérieure à la penne extérieure ; l'iris des yeux est rouge ; le bec et les pieds sont blanchâtres. Il est fort vif.

§ 4. LES PAPEGAIS

Les papegais sont en général plus petits que les *amazones*, et ils en diffèrent, ainsi que des *criks*, en ce qu'ils n'ont point de rouge dans les ailes ; mais tous les papegais, aussi bien que les amazones, les criks et les aras, appartiennent au nouveau continent, et ne se trouvent point dans l'ancien. Nous connaissons onze espèces de papegais, auxquelles nous ajouterons ceux qui ne sont qu'indiqués par les auteurs, sans qu'ils aient désigné les couleurs des ailes ; ce qui nous met hors d'état de pouvoir prononcer si ces perroquets, dont ils ont fait mention, sont ou non du genre des amazones, des criks ou des papegais.

LE PAPEGAI DU PARADIS.

Ce très-joli perroquet a le corps jaune et toutes les plumes bordées de rouge mordoré ; les grandes pennes des ailes sont blanches et toutes les autres jaunes comme les plumes du corps ; les deux pennes du milieu de la queue sont jaunes aussi, et toutes les latérales sont rouges depuis leur origine jusque vers les deux tiers de leur longueur ; le reste est jaune ; l'iris des yeux est rouge ; le bec et les pieds sont blancs. On le trouve dans l'île de *Cuba*.

LE PAPEGAI TAVOUA.

Ce perroquet est assez rare à la Guyane : il est beaucoup

recherché de nos oiseleurs, parce que c'est peut-être de tous les perroquets celui qui parle le mieux; mais il est traître et méchant au point de mordre cruellement lorsqu'il fait semblant de caresser ; du reste, c'est un très-bel oiseau, plus agile et plus ingambe qu'aucun autre perroquet.

Il a le dos et le croupion d'un très-beau rouge ; il porte aussi du rouge au front, et le dessus de la tête est d'un bleu clair ; le reste du dessus du corps est d'un beau vert plein, et le dessous d'un vert clair ; les pennes des ailes sont d'un beau noir, avec des reflets d'un bleu foncé, en sorte qu'à de certains aspects elles paraissent en entier d'un très-beau bleu foncé : les couvertures des ailes sont variées de bleu foncé et de vert.

LE PAPEGAI A BANDEAU ROUGE.

Ce perroquet se trouve à Saint-Domingue. Il porte sur le front, d'un œil à l'autre, un petit bandeau rouge ; son plumage est généralement d'un vert sombre, comme écaillé de noirâtre sur le cou et le dos, et de rougeâtre sur l'estomac, les pennes des ailes sont bleues ; les pieds cendrés ; le bec est d'une couleur de chair pâle. Longueur vingt-cinq centimètres.

LE PAPEGAI A VENTRE POURPRE.

On trouve ce perroquet à la Martinique, mais il n'est pas aussi beau que les précédents. Sa taille est celle du *pigeon* ; sa longueur de trente et un centimètres ; le bec est blanc, ainsi que le front ; le sommet et les côtés de la tête sont d'un cendré blanc ; le ventre est varié de pourpre et de vert, mais la première de ces deux couleurs domine ; le fouet de l'aile est pareil au front ; tout le corps dessus et dessous vert ; les pennes alaires sont variées de bleu et de noir ; celles de la queue, de vert, de rouge et de jaune ; les pieds gris et les ongles bruns.

LE PAPEGAI A TÊTE ET A GORGE BLEUES.

Ce perroquet, qui habite la Guyane, est assez rare et peu recherché, parce qu'il n'apprend point à parler. Sa taille est celle du perroquet cendré ; il a le bec noirâtre, avec une tache rouge sur chaque côté de la mandibule supérieure ; la tête, le cou, la gorge et la poitrine d'un beau bleu, qui prend une teinte de pourpre sur la poitrine ; les yeux entourés d'une membrane couleur de chair ; une tache noire de chaque côté de la tête ; le ventre, le dos et les pennes des ailes d'un vert qui prend une nuance jaunâtre sur les couvertures supérieures des ailes ; celles du dessous de la queue d'un beau rouge ; les pennes intermédiaires entièrement vertes ; les latérales pareilles, avec une tache bleue, qui s'étend d'autant plus que les pennes deviennent plus extérieures ; les pieds gris.

§ 5. LA PERRUCHE ONDULÉE

L'éducation de ces jolis oiseaux est des plus agréables et des plus faciles, maintenant qu'ils sont tout à fait acclimatés et qu'ils supportent sans grand danger cinq à six degrés de froid.

Pendant les plus grandes geleés, il suffit de les abriter la nuit dans un endroit bien clos, mais non chauffé.

En les protégeant contre leurs ennemis, les abritant du vent et de la pluie, et leur donnant la nourriture qui leur convient, on verra croître et multiplier une nombreuse famille, au joli plumage, au bec mignon et à l'incessant babil.

La perruche ondulée est de très-petite taille ; son plumage, vert-jaune marbré de noir sur la tête et sur le dos, est vert-pomme au ventre ; elle a une jolie tache bleue sur le côté de la tête avec des points noirs au-dessous du bec ; la queue est formée de plumes bleues et de plumes jaunes plus courtes en dessous.

PEUPLEMENT.

Pour peupler une volière, on doit donner la préférence aux sujets indigènes, ils sont acclimatés et produisent davantage.

Plus tard, si on croit nécessaire de fortifier la race en en renouvelant le sang, on peut se procurer quelques individus nouvellement importés.

VOLIÈRE.

Pour un couple de perruche, il faut une volière d'environ un mètre cube, close du côté du nord et de l'ouest, et garnie d'un grillage à mailles de quinze à vingt millimètres, sur les côtés du levant et du midi, le toit devra déborder un peu pour que la pluie ne puisse jamais les atteindre.

Elle sera garnie à l'intérieur d'un perchoir à plusieurs branches, et de bûches creuses servant de nid qui seront suspendues sous le toit.

Au bas de la volière et dans la partie pleine, on ménagera une petite porte pour introduire la nourriture et faire le nettoyage du sol qui doit être garni de sable et un peu surélevé.

Mais, au lieu de cette volière un peu petite, il est préférable d'en choisir une plus spacieuse, environ trois mètres de longueur, un mètre et demi de profondeur et deux mètres de hauteur, on pourra alors réunir plusieurs couples ensemble en y multipliant les perchoirs et les nids.

Si on veut se livrer à l'élevage en grand, on peut augmenter le nombre de ces volières en les séparant par un simple treillage, de cette manière il est plus facile de surveiller les accouplements et les couvées, et de retirer les jeunes lorsqu'il sera nécessaire.

On pourra remplacer les bûches creuses par un vieux

saule percé de trous, que chaque couple viendra visiter, et dont il finira par adopter celui qu'il trouvera à sa convenance.

REPRODUCTION.

Il est de la plus grande importance de bien assortir les couples de perruches, car si un sexe est plus nombreux que l'autre, cela donnera lieu à des combats très-préjudiciables au bon ordre des volières, et souvent même à la santé et à la vie de ses habitants.

On doit donc chercher avec soin à reconnaître les sexes, ce qui n'est pas du tout facile ; cependant, par l'inspection attentive de la tête, on peut y arriver ; le mâle adulte a la membrane basse du nez d'un bleu foncé, et la femelle, d'un vert-gris passant au brun, lorsqu'elle désire donner des œufs ; c'est là le seul moyen de reconnaissance, et encore faut-il un œil exercé pour ne pas commettre d'erreurs.

Les couples s'apparient promptement et restent unis pendant toute la campagne ; si le rapprochement tardait à se faire, il faudrait renfermer le mâle et la femelle dans une cage un peu petite, où ils s'unissent beaucoup plus vite que dans la volière.

PONTE ET INCUBATION.

La couvée se compose en moyenne de sept œufs environ, que la femelle pond à deux jours d'intervalle l'un de l'autre, et comme elle se met à couver aussitôt le premier œuf pondu, il s'ensuit tout naturellement que les jeunes prennent leurs plumes plus vite les uns que les autres, et souvent une seconde couvée est commencée alors qu'il y a encore au nid des retardataires de la première.

La perriche couve avec la plus grande ardeur, prenant à peine, de temps à autre, un instant de liberté pour rafraîchir ses ailes ; pendant que le père infatigable nourrit et la mère de famille et les enfants, et se charge même des traînards, la mère adopte un second nid dans lequel il la nourrit simultanément sans que ni la ponte ni l'incubation se ralentissent.

Il faut enlever les jeunes tous les deux mois et les garder dans une cage séparée ; au bout de six mois, leur tête a jauni, ils sont adultes et peuvent s'accoupler.

Chez les jeunes, la membrane du nez est bleu rosé et bleu blanchâtre pour les femelles.

Il est prudent de retirer les bûches creuses à la fin de l'été et de ne les remettre qu'au printemps, car autrement les femelles s'épuiseraient inutilement à faire naître de jeunes sujets qui n'arrivent pas souvent à bien.

NOURRITURE.

Au point de vue de l'hygiène et de l'économie, la nourriture des perruches doit être composée ainsi :

Gros millet	60	grammes.
Petit millet	15	—
Canarie	13	—
Chènevis	4	—
Avoine	8	—
	100	grammes.

Les mélanges peuvent varier à l'infini, car la dose de canarie peut monter jusqu'à 50 pour 100 selon son prix ; mais il faut éviter de donner beaucoup de chènevis ni d'avoine, c'est excitant.

Le millet en grappe est préféré, c'est un vrai régal pour elles.

Avec le grain, il faut la verdure, nourriture rafraîchissante par excellence ; chicorée, laitue, cresson, mâches, mouron blanc, seneçon, etc.

Surtout, pas de mouron rouge ni de persil, ce sont des poisons pour ces jolis pensionnaires.

On peut leur jeter quelques racines de chiendent en touffes

entières avec la terre adhérente, les jeunes surtout les affectionnent beaucoup et s'en trouvent bien.

Quoique la perruche ne se baigne jamais et ne boive guère, il lui faut toujours un peu d'eau fraîche ; puis pour la formation de la coque des œufs à pondre, il lui est nécessaire d'avoir des écales d'œufs ou quelques vieux plâtras où elles trouveront des miettes de salpêtre, dont elles sont avides. Aussitôt que les jeunes mangent seuls, ils iront à la mangeoire commune, il est plutôt nuisible qu'utile de leur donner des œufs durs, du pain, etc.

En général, les friandises, sucre, bonbons, étant mauvaises pour les oiseaux, il faut éviter de leur en donner; du reste, les perruches n'y touchent guère.

SOINS GÉNÉRAUX.

Les perruches ondulées ont absolument besoin d'air pur et de soleil, elles ne peuvent vivre et se reproduire convenablement ni dans une serre ni dans l'appartement ; les fortes odeurs et les mauvaises émanations les incommodent et les rendent malades.

Il faut éviter les changements de place, ainsi que les entrées et les sorties fréquentes dans les volières. En cas de maladie, placez le sujet seul dans une petite cage et laissez agir la nature.

La mortalité est plus grande sur les femelles à cause des dangers de la première ponte ; on doit toujours en avoir de réserve pour remplacer celles qui viennent à périr.

§ 6. PERRICHES A QUEUE LONGUE ET ÉGALEMENT ÉTAGÉE

LA PERRICHE PAVOUANE.

Cette perriche est une des plus jolies, assez commune à

Cayenne, et c'est, de toutes les perriches du nouveau continent, celle qui apprend le plus facilement à parler; néanmoins elle n'est docile qu'à cet égard, car, quoique privée depuis longtemps, elle conserve toujours un naturel sauvage et farouche ; elle a même l'air mutin et de mauvaise humeur ; mais comme elle a l'œil très-vif et qu'elle est leste et bien faite, elle plaît par sa figure.

Elle a trente-deux centimètres ; la queue a près de seize centimètres, et elle est régulièrement étagée ; la tête, le corps entier, le dessus des ailes et de la queue sont d'un très-beau vert. A mesure que ces oiseaux prennent de l'âge, les côtés de la tête et du cou se couvrent de petites taches d'un rouge vif, lesquelles deviennent de plus en plus nombreuses, en sorte que, dans ceux qui sont âgés, ces parties sont presque entièrement garnies de belles taches rouges : on ne voit aucune de ces taches dans l'oiseau jaune, et elles ne commencent à paraître qu'à deux ou trois ans d'âge ; les petites couvertures inférieures des ailes sont du même rouge vif, tant dans l'oiseau adulte que dans le jeune : seulement ce rouge est un peu moins éclatant dans le dernier ; les grandes couvertures inférieures des ailes sont d'un beau jaune ; les pennes des ailes et de la queue sont en dessous d'un jaune obscur ; le bec est blanchâtre, et les pieds sont gris.

LA PERRICHE A GORGE BRUNE.

Cette perriche a vingt-sept centimètres de longueur ; le bec cendré ; l'iris couleur de noisette ; le front, les côtés de la tête, la gorge et la partie inférieure du cou d'un gris brun ; le sommet de la tête d'un vert bleuâtre ; le dessus du corps d'un vert jaunâtre ; les grandes couvertures supérieures des ailes bleues, les pennes bleues en dessus doublées et bordées de noirâtre sur leur côté interne ; la queue verte en dessus et jaunâtre en dessous ; les pieds cendrés. Cette espèce se trouve à la *Martinique*.

LA PERRICHE A GORGE VARIÉE.

Cette jolie *perriche*, qu'on voit rarement à *Cayenne*, n'est pas si grosse qu'un merle ; un beau vert couvre la plus grande partie de son plumage ; le bec est noir ; l'iris d'un jaune aurore ; les plumes qui bordent le bec en dessus sont d'un vert d'eau ; une petite zone de cette couleur se voit derrière le cou ; la tête est brune, ainsi que la gorge et le devant du cou ; mais chaque plume est bordée et terminée d'un jaune aurore, ce qui fait paraître ces parties comme écaillées ; une couleur de feu couvre le pli de l'aile, et une teinte bleue domine sur les grandes pennes ; le ventre est dans son milieu d'un lilas veiné de brun ; la première teinte forme une bande longitudinale sur la queue, qui est en dessus partie verte et partie rouge-brun, et en dessous de cette dernière couleur ; les pieds sont noirs. On ne sait pas si on peut l'instruire à parler.

LA PERRICHE A AILES VARIÉES.

Cette perriche est commune à Cayenne, vole en grandes troupes, fréquente les lieux habités, et apprend assez facilement à parler. Sa longueur est de vingt et un centimètres, y compris la queue, qui a neuf centimètres. Elle a le bec blanchâtre ; la tête, le corps entier, la queue et les couvertures supérieures des ailes d'un beau vert, plus pâle sur les parties inférieures ; les pennes des ailes variées de jaune, de vert bleuâtre, de blanc et de vert ; les pennes de la queue bordées de jaunâtre à l'intérieur ; les pieds gris. La femelle diffère par des couleurs moins vives.

LA PERRICHE ÉMERAUDE.

Le plumage de cette *perriche* est un vert plein qui couvre

tout son corps, excepté le ventre, les parties inférieures et la queue, qui sont d'un marron ferrugineux ; la queue est d'un brun marron et verte à son extrémité ; le bec et les pieds sont d'un brun sombre ; longueur, trente-trois centimètres.

§ 7. PERRICHES A QUEUE LONGUE ET INÉGALEMENT ÉTAGÉE

LE SINCIALO.

C'est le nom que porte cet oiseau à Saint-Domingue : il n'est pas plus gros qu'un *merle* ; mais il paraît une fois plus long, ayant une queue de dix-huit centimètres de longueur, et le corps n'étant que de treize ; il est fort causeur, il apprend aisément à parler, à siffler et à contrefaire la voix ou le cri de tous les animaux qu'il entend. Ces *perriches* se nourrissent comme les autres *perroquets*, mais elles sont plus vives et plus gaies ; on les apprivoise aisément ; elles paraissent aimer qu'on s'occupe d'elles, et il est rare qu'elles gardent le silence, car, dès qu'on parle, elles ne manquent pas de crier et de jaser aussi.

Tout le plumage de cette perriche est d'un vert jaunâtre ; les couvertures inférieures des ailes et de la queue sont presque jaunes ; les deux pennes du milieu de la queue sont plus longues de cinq centimètres que celles qui les suivent immédiatement de chaque côté, et les autres pennes latérales vont également en diminuant de longueur par degrés, jusqu'à la plus extérieure, qui est plus courte de quinze centimètres que les deux du milieu ; les yeux sont entourés d'une peau couleur de chair ; l'iris de l'œil est d'un bel orangé ; le bec est noir avec un peu de rouge à la base de la mandibule supérieure ; les pieds et les ongles sont couleur de chair. Cette espèce est répandue dans presque tous les climats chauds de l'Amérique.

LA PERRICHE A FRONT ROUGE.

Cet oiseau se trouve, comme le précédent, dans presque tous les climats chauds d'Amérique. Le front est d'un rouge vif ; le sommet de la tête d'un beau bleu ; le derrière de la tête, le dessus du cou, les couvertures supérieures des ailes et celles de la queue sont d'un vert foncé ; la gorge et tout le dessous du corps d'un vert un peu jaunâtre ; quelques-unes des grandes couvertures des ailes sont bleues ; les grandes pennes sont d'un cendré obscur sur leur côté intérieur, et bleues sur leur côté extérieur et à leur extrémité ; l'iris des yeux est de couleur orangée ; le bec est cendré ; les pieds sont rougeâtres. Longueur, vingt-sept centimètres ; taille du merle.

L'APUTÉ-JUBA.

Cette perriche a le front, les côtés de la tête et le haut de la gorge d'un beau jaune ; le sommet et le derrière de la tête, le dessus du cou et du corps, les ailes et la queue sont d'un beau vert ; quelques-unes des grandes couvertures supérieures des ailes et les grandes pennes sont bordées extérieurement de bleu ; les deux pennes du milieu de la queue sont plus longues que les latérales, qui vont toutes en diminuant de longueur jusqu'à la plus extérieure, qui est plus courte de trois centimètres que les six du milieu ; le bas-ventre est jaune ; l'iris des yeux est orangé foncé ; le bec et les pieds sont cendrés. Elle est très-commune à la *Guyane*. Elle parle très-difficilement.

FIN.

TABLE DES MATIÈRES

SERIN DES CANARIES ; ORIGINE, DESCRIPTION ET MŒURS.......... 1
SERIN HOLLANDAIS ; ORIGINE, DESCRIPTION ET OBSERVATION...... 4
Des cages ; manière de les construire.................. 7
De la construction et de la composition des nids.......... 9
De l'accouplement.................................. 10
Manière d'accoupler plusieurs femelles avec un mâle..... 14
Nourriture des serins pendant l'accouplement.......... 16
De la ponte...................................... 16
Des œufs....................................... 18
De l'incubation.................................. 19
De l'éclosion.................................... 25
Éducation et nourriture des jeunes serins............... 26
De la connaissance des sexes......................... 30
Indices servant à distinguer les vieux serins d'avec les jeunes.. 30
Manière d'instruire les serins au flageolet et à la serinette.. 31
LE ROSSIGNOL... 32
LE ROSSIGNOL DES MURAILLES............................ 46
LE CHARDONNERET...................................... 48
LE BOUVREUIL.. 53
— *à gorge blanche du Brésil*......................... 55
LA FAUVETTE... 56
LE LINOT.. 59
LE ROITELET... 62
LE MOINEAU FRANC ET LE FRIQUET........................ 68
L'ALOUETTE COMMUNE.................................... 72
— *des bois*.. 73
— *des prés*.. 75
— *pipi*.. 77
— *la calandre*....................................... 78
— *le vcocheis*....................................... 79
LE ROUGE-GORGE.. 81
LE TARIN.. 84
LE COUCOU... 86
LE BRUANT... 89
LE VERDIER.. 91
LE PINSON... 93
L'ORTOLAN... 97
LE BRUANT-COMMANDEUR.................................. 98
LA MÉSANGE.. 99

Le Gros-bec 102
Le Gros-bec lazuli 103
Le Sansonnet ou l'étourneau 104
Le Geai 107
Le Rollier 109
La Tourterelle 111
— *à collier* 112
La Pie 113
Le Merle 116
Le Loriot 118
La Caille 119
La Grive 121
— *le Mauvis* 123
Les Bergerettes, Bergeronnettes ou Lavandières 125
Bergeronnette printannière 126
La Huppe ou Puput 130
Le Martin-pêcheur 133
Le Proyer 135
Les Bengalis 137
Bengali ventre bleu 138
Bengali piqueté 138
Les Veuves a collier d'or du Sénégal 139
Veuve dominicale 140
Veuve bleue 140
Le Cardinal 141
— *huppé de la Caroline ou rossignol de Virginie* 141
— *du Cap* 142
Le Diamant d'Australie 142
La Volière 143
La Cage 145
Maladies des oiseaux, symptomes, remèdes 145
Abcès 145
Mal d'yeux 146
Rhume 146
Constipation 146
Goutte 146
Avalure 147
La mue 149
Le bouton 150
La gale 151
La pépie 152
Le flux de ventre 152
Les mites 153
Le tic 155
La langueur 156
Fractures 157
Le mal caduc 157
Asthme 157
Peau cassée 158
Suée 158
Les Perroquets 160
Manière d'instruire les perroquets 163
Nourriture 164

Maladies des perroquets.......... 166
Perroquets de l'ancien continent.......... 167
LES CACATOÈS.......... 167
Cacatoès à huppe blanche.......... 168
— — jaune.......... 168
— — rouge.......... 169
Le petit cacatoès.......... 169
Le cacatoès noir ou ara à trompe.......... 169
LES PERROQUETS.......... 170
Le jaco ou perroquet cendré.......... 170
Le perroquet vert.......... 175
Le perroquet varié.......... 176
Le perroquet noir ou le vaza.......... 176
Le mascarin.......... 176
Le grand perroquet vert à tête bleue.......... 176
Le perroquet à tête grise.......... 177
LES LORIS.......... 177
Les loris-perruches.......... 178
PERRUCHES A LONGUE QUEUE ÉGALEMENT ÉTAGÉE.......... 178
La grande perruche à collier rouge.......... 179
La perruche à double collier.......... 180
— à tête rouge.......... 180
— à tête bleue.......... 181
La perruche lori.......... 181
La perruche souris.......... 181
— à moustache.......... 182
— à face bleue.......... 182
PERRUCHES A QUEUE LONGUE ET INÉGALE.......... 182
Perruche à collier couleur de rose.......... 182
— à tête — 183
— à longs brins.......... 183
La grande perruche à longs brins.......... 183
— — à ailes rougeâtres.......... 184
— — à gorge rouge.......... 184
— — à bandeau noir.......... 184
PERRUCHES A QUEUE COURTE.......... 185
Perruche à tête bleue.......... 185
— à tête rouge.......... 186
Le coulacissi.......... 186
La perruche à tête grise.......... 187
— aux ailes noires.......... 187
PERROQUETS DU NOUVEAU CONTINENT.......... 188
LES ARAS.......... 188
L'ara rouge.......... 189
— bleu.......... 191
— vert.......... 191
LES PERROQUETS AMAZONES.......... 193
L'amazone à tête jaune.......... 193
— à tête rouge.......... 193
— à tête blanche.......... 194
— jaune.......... 194
L'AOUROU OU COURAOU.......... 194
LES CRIKS.......... 195

Le Crik a tête et a gorge jaunes ... 195
— à face bleue ... 197
— proprement dit ... 197
Les Papegais ... 198
Le papegai du paradis ... 198
— tavoua ... 198
— à bandeau rouge ... 199
— à ventre pourpre ... 199
— à tête et à gorge bleues ... 200
La Perruche ondulée ... 200
Peuplement ... 201
Volière ... 201
Reproduction ... 202
Ponte et incubation ... 202
Nourriture ... 203
Soins généraux ... 204
Perriches a queue longue également étagée ... 204
Perriche à gorge brune ... 205
— à gorge variée ... 206
— à ailes variées ... 206
— émeraude ... 206
Perriches a queue longue inégalement étagée ... 207
Le sincialo ... 207
La perriche à front rouge ... 208
L'aputé juba ... 208

FIN DE LA TABLE DES MATIÈRES.

3373-77. — Corbeil. Typ. et stér. de Crété.

3373-77. — Corbeil, typ. de Crété.

www.ingramcontent.com/pod-product-compliance
Ingram Content Group UK Ltd.
Pitfield, Milton Keynes, MK11 3LW, UK
UKHW021055230726
13926UKWH00004B/1869

9 782013 628457